萨巴厨房®

简单一炒就好吃

萨巴蒂娜◎主编

中国轻工业出版社

初步了解全书

这本书因何而生

- 炒菜，是厨房中所有从初学者到高手接触最多的烹饪方法，一日三餐，最家常的做法也是炒。炒，可以很简单，也可以很精妙，能不能把自己和一家人的胃口都伺候周到，就看你和炒菜锅里的几分天地是否投缘了。
- 这本书，集合了“萨巴厨房”系列图书中最经典也最简单的炒菜，奉献给你，让你轻松搞定一桌菜。当然，如果你是高手，也不妨在每天纠结“今天到底吃点啥”的时候，有个参照选择。

这本书都有什么

- 既然炒菜的种类繁多，我们不妨从迎合胃口的角度出发，按照食材去检索你需要的内容。我们将此书分为：
  “猪牛羊的盛宴”，集合了红肉类的菜品，都是很简单就能搞定的“硬菜”；
  还有“鸡鸭都来帮帮忙”，集合了禽肉类的菜品，给不想长胖的你足够多的选择；
  同样还有“水产从来都好吃”，有了天上飞的地上跑的，不能没有水里游的，同样也是高蛋白低脂肪的上上之选；
  在“鸡蛋豆腐来助阵”章节里，豆奶蛋类也很丰富，让你的餐桌更加丰盛；
  还有一章“蔬菜不能少”，看名字就知道，光吃肉肯定不行，健康蔬食也是不可或缺的；
  最后是“主食炒着更好吃”章节，主食不光是面条、馒头、米饭、烙饼，同样也可以炒，炒一炒，更好吃！
- 除此之外，我们还给步骤分类标识，参考起来更加明确、更加方便，让你对烹饪步骤一目了然，心中有数。

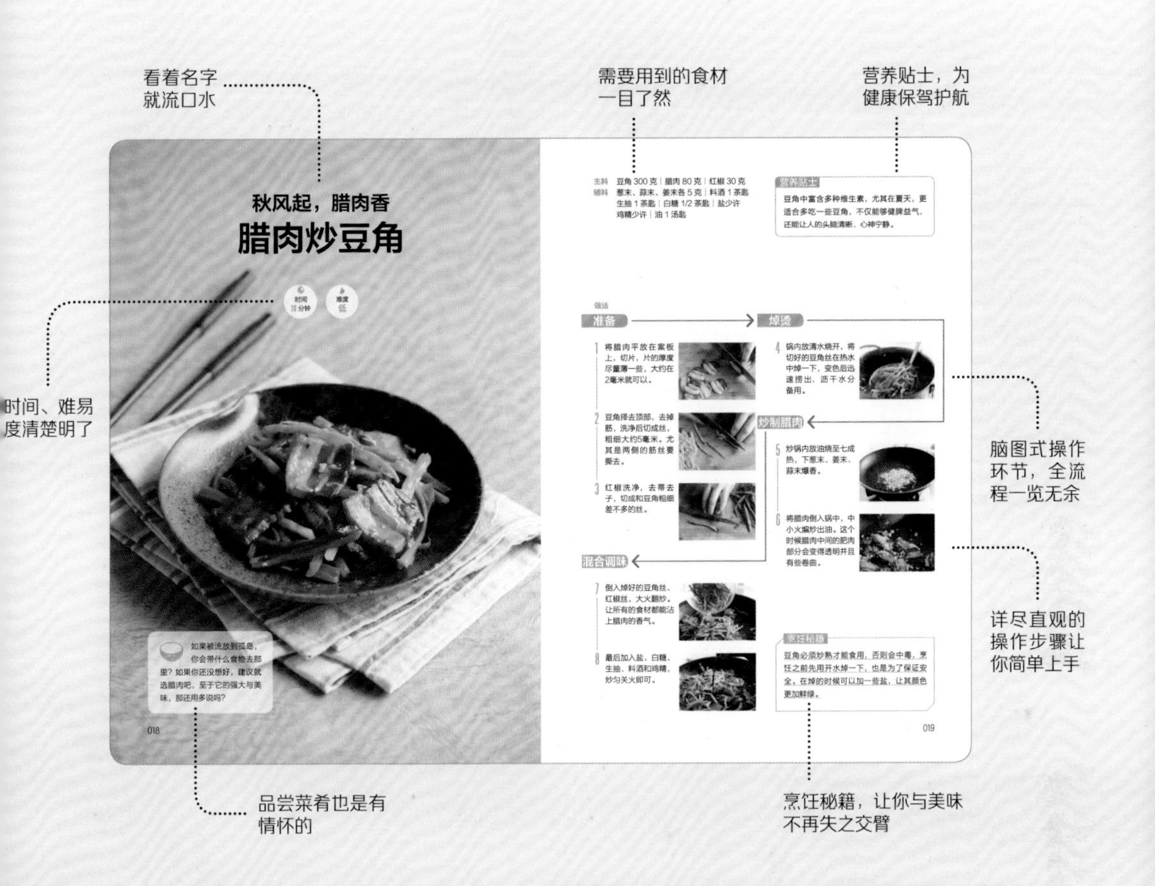

- 为了确保菜谱的可操作性，本书的每一道菜都经过我们试做、试吃，并且是现场烹饪后直接拍摄的。
- 本书每道食谱都有步骤图、烹饪秘籍、烹饪难度和烹饪时间的指引，确保你照着图书一步步操作便可以做出好吃的菜肴。但是具体用量和火候的把握也需要你经验的累积。
- 书中部分菜品的图片含有装饰物，不作为必要食材元素出现在菜谱文字中，读者可根据自己的喜好增减。
- 书中菜品的制作时间为烹饪时间，通常不含食材浸泡、冷藏、腌制等准备时间。

卷首语

厨房极简，是为了生活更多元

我是那种无论如何都要创造条件给自己做饭吃的人。最简单的厨房，可能一平方米就够了，一口锅、一个铲、一个小菜板，还有一些简单的调味品。

现在订外卖很简单，性价比也可以，一二十元就可以吃得很有品质，自己做饭可能也是这个价，但是要花更多的时间，吃完还要打扫和清洁。

但我就是喜欢这个过程。生活对谁都不容易，我们的身体健康是我们吃下去的食物作为保障的，所以要对自己好一点。

我当时以为，如果想好好做一顿饭，就得“工欲善其事，必先利其器”。所以起初我的厨房极尽复杂之能事，我买了大量调味品，各种烹饪的工具、锅具，还买了巨大的顶天立地的大冰箱，塞满了各种食材。

随着做饭的次数越来越多，我的想法发生了改变；同时，随着我在生活中发现了更多的乐趣，我就开始减少了厨房的繁杂，把更多的时间交给生活。因为我逐渐发现，并不需要太多复杂的工具和步骤，就可以做出美味健康的饭菜，那何乐而不为？

现在很多复合调味品和半加工食材，为我们做饭节省了大量时间。烹饪后的清洁有洗碗机，一次性抹布帮我们省事，做饭已经不再是一件很难的事情。

况且，最重要的是，还有“萨巴厨房”的系列精选食谱，给您提供一些做饭的思路，让您在厨房里尽量少呆一点时间，享受品质生活并不需要付出太多的代价。

祝您快乐！

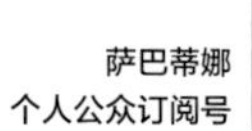

萨巴小传：本名高欣茹。萨巴蒂娜是当时出道写美食书时用的笔名。曾主编过八十多本畅销美食图书，出版过小说《厨子的故事》，美食散文集《美味关系》。现任“萨巴厨房”主编。

敬请关注萨巴新浪微博 www.weibo.com/sabadina

目录

2
Chapter
鸡鸭都来帮帮忙

水产从来都好吃

4 Chapter

鸡蛋豆腐来助阵

5 Chapter 蔬菜不能少

6 Chapter

主食炒着更好吃

计量单位对照表

1 茶匙固体材料 =5 克
1 汤匙固体材料 =15 克
1 茶匙液体材料 =5 毫升
1 汤匙液体材料 =15 毫升

1 Chapter

猪牛羊的盛宴

往事芬芳

黑三剁

时间
30分钟

难度
中

主料 猪肉 100 克 | 玫瑰大头菜 80 克 | 青红尖椒各 1 个

辅料 葱末、姜末、干辣椒、鸡精各少许
料酒 2 茶匙 | 酱油、白糖各 1 茶匙
油 2 汤匙

烹饪秘籍

玫瑰大头菜色泽呈黑褐色，以芥菜为原料腌制而成，因其本身带有咸味，在烹制过程中就无须再加盐了。

做法

准备

1 猪肉剁成馅，用少许酱油、料酒抓匀，腌制5分钟。

2 青红尖椒洗净后切成碎粒，干辣椒剪成段。

3 玫瑰大头菜切成碎丁。

炒肉末

4 锅中放油烧至五成热，下葱末、姜末、干辣椒段爆香。

5 将肉馅下入锅中划散煸干。

6 加入酱油、白糖、料酒后继续煸炒。

混合调味

7 将玫瑰大头菜粒、青红尖椒粒倒入锅中，大火翻炒均匀。

8 加鸡精后关火盛出。

小日子，大滋味

烂肉豇豆

时间 15分钟

难度 低

主料 鲜豇豆 150 克 | 泡豇豆 150 克
猪肉 100 克

辅料 油 3 汤匙 | 生抽、料酒各 1 茶匙
葱末、姜末、蒜末、干辣椒各适量
盐、白糖、淀粉、花椒粉、鸡精
各少许

烹饪秘籍

可根据自家腌制的泡豇豆的酸度及咸度调整两种豇豆的比例和盐的用量。

做法

准备

1 选肥瘦适宜的猪肉，剁成猪肉末。

2 猪肉末加少量淀粉、生抽腌制5分钟。

3 泡豇豆洗净（若过于咸可在清水中浸泡半小时），切碎备用。

4 鲜豇豆洗净、切碎丁，干辣椒剪成段。

炒肉末

5 炒锅烧热，放油后加入葱末、姜末、蒜末和干辣椒段爆香。

6 将腌好的猪肉末倒入锅中炒散并且煸干，加料酒、生抽和白糖。

混合调味

7 肉末变色后倒入鲜豇豆碎和泡豇豆碎，大火翻炒。

8 根据实际情况加少许盐、花椒粉、鸡精，炒匀后关火。

开胃又亲切

湘西外婆菜

时间
10 分钟

难度
低

一道充满湘西风情的小炒，尽管做法上走了捷径，可滋味丝毫不输给大菜，作为快手菜、家常菜以及下饭菜，它都是你的不二选择。

主料 湘西外婆菜 2 袋 | 五花肉 50 克
青尖椒、红尖椒各 3 个

辅料 白糖 1 茶匙 | 酱油 1 茶匙 | 干红辣椒 5 克
葱、姜各 5 克 | 鸡精 1/2 茶匙 | 油 2 汤匙

营养贴士

无论是下酒、下饭，这道菜都是很好的搭配。其实它最大的好处是可以让你慢慢地吃，从而间接地减少食量，减轻肠胃的负担，避免暴饮暴食。

做法

准备

1 五花肉洗净，去皮切成肉丁。丁的大小大致在3毫米见方就可以。

2 葱、姜切成末。这道菜无论用香葱、大葱都可以，姜也是一样，子姜更好，普通的老姜也可以。

3 青红尖椒洗净，去蒂，斜刀切成辣椒圈。注意可以用一次性手套垫着点，以防辣手。

4 袋装湘西外婆菜开袋后倒入容器中备用。可以事先尝一下味道，决定一会儿的调料用量增减。

炒五花肉

5 锅中放油烧至七成热，即能看到明显油烟的时候，下姜末、葱末、干辣椒段爆香。

6 倒入五花肉，加少许白糖、酱油，煸炒至出油，表面微焦。

混合炒匀

7 加入外婆菜，和五花肉翻炒均匀，让外婆菜吸收五花肉的肉香。

8 倒入青红辣椒圈，大火翻炒1分钟，最后加入鸡精，关火即可出锅。

烹饪秘籍

袋装外婆菜已经有咸味，不需再加盐。如果家附近不好买到湘西外婆菜，您可以在网上买，有各种品牌。

抱朴含真犹自得

百合猪肉丁

时间
15分钟

难度
低

没有芳香热烈，没有浓油赤酱，如一株恬淡的百合花，静静地绽放在餐桌之上，这恰到好处的香气生机盎然，令人流连，有时候朴素也是一种境界。

主料 鲜百合200克 | 猪瘦肉100克
胡萝卜半个 | 洋葱半个

辅料 香葱粒10克 | 姜末5克 | 蒜末10克
盐、鸡精、白糖各1/2茶匙
酱油、料酒各2茶匙
油20毫升

做法

准备

1 将鲜百合从袋中取出，用清水浸泡5分钟，冲洗干净。

2 猪瘦肉洗净，切成1厘米左右的肉丁。

3 胡萝卜、洋葱洗净，切1厘米见方的丁。

4 猪瘦肉用盐、料酒抓匀，腌10~15分钟。

炒匀

5 锅中放油烧至五成热，将葱末、姜末、蒜末倒入锅中爆香。

6 将肉煸炒变色后加入百合、洋葱、胡萝卜，大火翻炒5分钟。

调味

7 最后加入盐、鸡精、酱油、白糖、料酒，炒匀即可关火盛出。

烹饪秘籍

鲜百合一般在超市可以买到，也可以用百合干，只需提前用温水泡发即可。猪瘦肉可以选择里脊肉或者猪腿肉。

主料 五花肉 150 克 | 菜花 250 克
青甜椒 1 个 | 红甜椒 1 个

辅料 香葱 5 克 | 姜 5 克 | 蒜瓣 2 瓣
干红辣椒 3 根 | 盐、鸡精、淀粉、
花椒粉各 1/2 茶匙 | 生抽 2 茶匙
白砂糖 1 茶匙 | 料酒 2 茶匙
油 20 毫升

花团锦簇

甜椒肉丁菜花

时间 20 分钟　难度 低

花朵一样俏丽缤纷的食材堆叠在一起，让餐桌变得色彩纷呈，让你的眼睛与味蕾同时获得满足。

做法

准备

1 将菜花在清水中冲洗一下后，放在淡盐水里浸泡10分钟。

2 五花肉洗净去皮，切成1厘米见方的丁，加盐、生抽、淀粉腌制5分钟；青红甜椒洗净后切菱形块。

3 菜花切成小朵，葱、姜、蒜洗净切末，干红辣椒洗净切段。

4 锅中烧清水，加几滴油，下菜花焯烫3分钟后，捞出沥水。

炒肉丁

5 锅中放油烧至五成热，下葱末、姜末、蒜末、干辣椒段爆香。

6 下腌好的肉丁炒至变色后，加入少许生抽和白砂糖炒匀。

混合调味

7 在锅中倒入菜花和青红甜椒，大火翻炒3~5分钟。加入盐、鸡精、料酒、花椒粉，炒匀。

烹饪秘籍

菜花在烹制前先用淡盐水或淘米水浸泡15分钟，有利于除掉隐藏在菜花中的小虫和残留农药。

秋风起，腊肉香

腊肉炒豆角

时间
20 分钟

难度
低

如果被流放到孤岛，你会带什么食物去那里？如果你还没想好，建议就选腊肉吧，至于它的强大与美味，那还用多说吗？

主料 豆角 300 克 | 腊肉 80 克 | 红椒 30 克

辅料 葱末、蒜末、姜末各 5 克 | 料酒 1 茶匙 生抽 1 茶匙 | 白糖 1/2 茶匙 | 盐少许 鸡精少许 | 油 1 汤匙

营养贴士

豆角中富含多种维生素，尤其在夏天，更适合多吃一些豆角，不仅能够健脾益气，还能让人的头脑清晰、心神宁静。

做法

准备

1 将腊肉平放在案板上，切片，片的厚度尽量薄一些，大约在2毫米就可以。

2 豆角择去顶部，去掉筋，洗净后切成丝，粗细大约5毫米。尤其是两侧的筋丝要撕去。

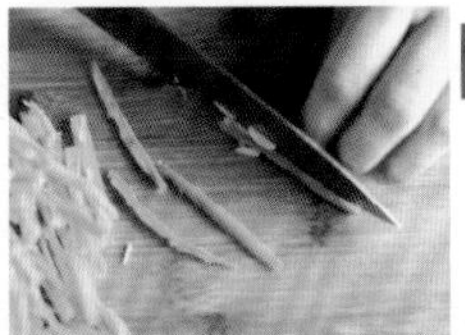

3 红椒洗净，去蒂去子，切成和豆角粗细差不多的丝。

焯烫

4 锅内放清水烧开，将切好的豆角丝在热水中焯一下，变色后迅速捞出，沥干水分备用。

炒制腊肉

5 炒锅内放油烧至七成热，下葱末、姜末、蒜末爆香。

6 将腊肉倒入锅中，中小火煸炒出油。这个时候腊肉中间的肥肉部分会变得透明并且有些卷曲。

混合调味

7 倒入焯好的豆角丝、红椒丝，大火翻炒。让所有的食材都能沾上腊肉的香气。

8 最后加入盐、白糖、生抽、料酒和鸡精，炒匀关火即可。

烹饪秘籍

豆角必须炒熟才能食用，否则会中毒，烹饪之前先用开水焯一下，也是为了保证安全。在焯的时候可以加一些盐，让其颜色更加鲜绿。

绝妙体验
蒜薹炒腊肉

如果要形容腊肉的香，没有比浓郁更合适的词汇了。小小一块肉里，有阳光、有微雨，也有清风，还有远游的人的思乡之情。

烹饪秘籍

蒜薹快炒过程中要防止煳锅，可酌情少量添加清水；腊肉如果很咸，可不再放盐。

主料 蒜薹 400 克 | 腊肉 100 克

辅料 干红辣椒 5 克 | 姜末、蒜末各 5 克
酱油 2 茶匙 | 鸡精 1/2 茶匙
油 2 汤匙

做法

准备

1 将腊肉洗净后，放入开水中煮10分钟，捞出切片。

2 蒜薹洗净后，切4厘米长的段，如果根部比较老，需要弃掉。

3 干红辣椒用剪刀剪成小段，辣椒子也可以留下一起下锅。

炒腊肉

4 锅中放油烧至七成热，将姜末、蒜末、干辣椒段爆香。

5 将腊肉倒入锅中翻炒，此时火力不宜太大，以免炒出煳味。

6 加入大约100毫升清水煮沸。当腊肉小火焖煮至完全透明时，盛出待用。

混合调味

7 锅中留底油烧至七成热，将蒜薹下入锅中，大火快炒2分钟，至其基本熟透。

8 将炒好的腊肉倒入锅内，加入酱油、鸡精，翻炒均匀即可。

主料 有机菜花 400 克 | 腊肉 100 克
青蒜 50 克 | 青尖椒 2 根

辅料 香葱、姜各 10 克 | 蒜瓣 4 瓣
干红辣椒 5 根 | 花椒粒 5 粒
盐、鸡精各 1/2 茶匙
酱油、料酒各 2 茶匙
白糖 1 茶匙 | 油 30 毫升

最好的慰藉

干锅腊肉菜花

时间 15 分钟

难度 低

风干的腊肉肥美有韧性，与深谙吸味大法的菜花合二为一，总会令人倾倒。果然，食物才是人心最好的慰藉。

做法

准备

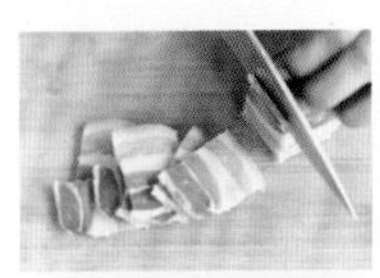

1 腊肉用温水洗净后切3毫米左右厚的片。

2 菜花洗净，撕成小朵，再用淡盐水浸泡10分钟后，控水。

3 青蒜、青尖椒洗净后切成3厘米左右的段，备用。

4 葱、姜、蒜洗净，葱切末，姜、蒜切片，干红辣椒切段。

炒腊肉

5 锅中放油加热至五成热，下花椒粒、干辣椒爆香后，加入葱末、姜片、蒜片炒香。

6 将切好的腊肉倒入锅中，中小火煸炒出油，即腊肠中间的肥肉部分变成透明。

混合调味

7 将菜花倒入锅中，大火翻炒5分钟，再将青蒜和青尖椒倒入锅中炒3~5分钟。

8 加入酱油、料酒、白糖、鸡精、盐，炒匀。

烹饪秘籍

有机菜花比起一般的菜花，花茎要细一些，更容易熟。如果要是用普通菜花，可以事先用热水焯一下，就比较易于烹饪了。

一抹香气

芦蒿炒腊肉

时间 20分钟

难度 低

主料 芦蒿 300 克 | 腊肉 100 克

辅料 干红辣椒 5 克 | 姜末、蒜末各 5 克
白糖 1 茶匙 | 盐 1/2 茶匙 | 鸡精 1/2 茶匙
油 2 汤匙

烹饪秘籍

若腊肉本身很咸，可不再放盐；腊肉要切得薄一些，这样更容易熟，口感也更好。

做法

准备

1 腊肉洗净，放入锅内煮10分钟后，捞出切片。这样可以有效减低腊肉的咸度。

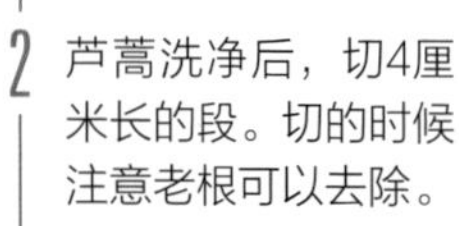

2 芦蒿洗净后，切4厘米长的段。切的时候注意老根可以去除。

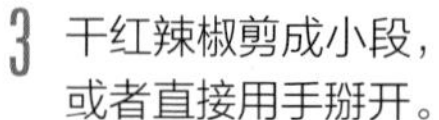

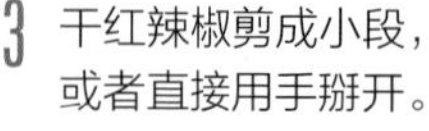

3 干红辣椒剪成小段，或者直接用手掰开。

炒腊肉

4 锅中放油烧至七成热，将姜末、蒜末、干辣椒段放入爆香。

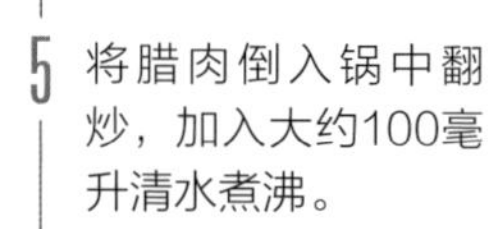

5 将腊肉倒入锅中翻炒，加入大约100毫升清水煮沸。

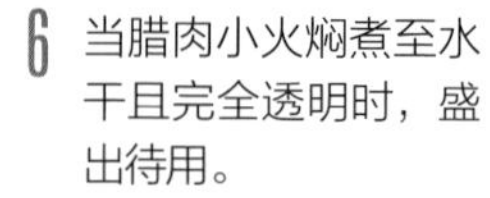

6 当腊肉小火焖煮至水干且完全透明时，盛出待用。

混合调味

7 锅中留底油烧至七成热，将芦蒿下入锅中，大火快炒2分钟。

8 将炒好的腊肉倒入锅内，加少许盐、白糖、鸡精，翻炒均匀。

土豆怎么做都好吃

香煎培根土豆

时间
30 分钟

难度
中

主料 土豆 1 个 | 培根 2 片 | 小葱 3 根
干辣椒 2 根
辅料 油 1 茶匙 | 盐 1/2 茶匙

烹饪秘籍

土豆多煎一会儿，边缘略焦，更香。

做法

准备

1 土豆去皮，切成不规则的小块。

2 用清水泡5分钟，去涩、去淀粉。

3 放入开水锅中煮至八成熟。

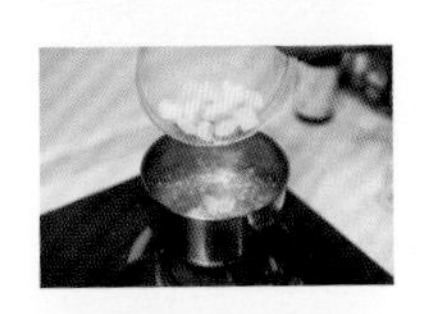

4 葱切段，葱白和葱叶分开放置。

预煎制

5 培根切片，放入不粘锅中，加油慢火煎香煎脆，捞出。

炒匀调味

6 锅内余油烧热，加干辣椒段和葱白段爆香。

7 下土豆块煎香，加盐调味。

8 下培根炒匀，加葱叶段翻炒均匀即可。

让胃熨帖

土豆回锅肉

时间 30分钟

难度 中

回锅肉自诞生那天起，已经被演绎出许多的版本，这个土豆版就是其中之一。既保留了回锅肉的特色，又满足了土豆控的需要，这是挖空心思要讨你的欢心呢！

主料 五花肉 250 克 | 土豆 200 克
红尖椒 50 克

辅料 郫县豆瓣 20 克 | 豆豉 10 克
白糖 1 茶匙 | 料酒 1 茶匙
姜片、蒜片各少许 | 鸡精 1/2 茶匙
花椒粉少许 | 油 2 汤匙

营养贴士

土豆和猪肉是一对很好的搭档，二者都是营养非常丰富的食材，同时土豆还能减轻这道菜带来的油腻。土豆的营养成分非常均衡，而且吃法也很多，平时可以多多尝试。

做法

焯烫准备

1 带皮五花肉洗净，放入装满清水的锅中，加入姜片，煮沸后滚10~15分钟。

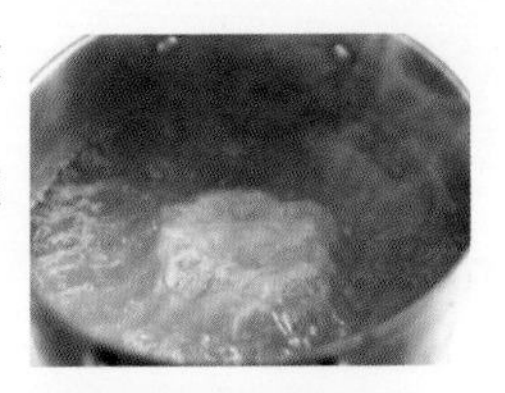

2 将煮好的五花肉捞出，凉至表面不烫时，用刀切成2毫米左右的肉片，放一旁待用。

3 尖椒洗净去蒂，切块；土豆削皮洗净后，切成2毫米左右的薄片，放入清水中备用。

预炒制

4 炒锅放油烧至七成热，下五花肉片煸炒至表面微焦，呈灯盏窝形状后，盛出。

5 锅中留底油烧至七成热，将切好土豆片放入，煎至表面微焦后，捞出。

混合调味

6 净锅，放油烧至七成热，下郫县豆瓣和豆豉炒出红油来，加入蒜片、姜片炒香。

7 将炒好的五花肉片和土豆片倒入锅中大火翻炒，加入料酒、白糖、鸡精、花椒粉炒匀。

8 最后加入红尖椒炒至断生后，即可关火盛出。

烹饪秘籍

回锅肉也称熬锅肉，烹饪时选薄皮猪臀尖的二刀肉最佳，退而求其次可选择五花肉。因豆瓣酱本身很咸，可不必再加盐。

无法招架的诱惑

盐煎肉

时间
30分钟

难度
中

主料 五花肉 250 克｜青蒜 100 克
辅料 郫县豆瓣 1 汤匙｜豆豉 1 茶匙
白糖、料酒各 1 茶匙｜姜末、蒜末各 5 克
鸡精 1/2 茶匙｜花椒粉少许
油 2 汤匙

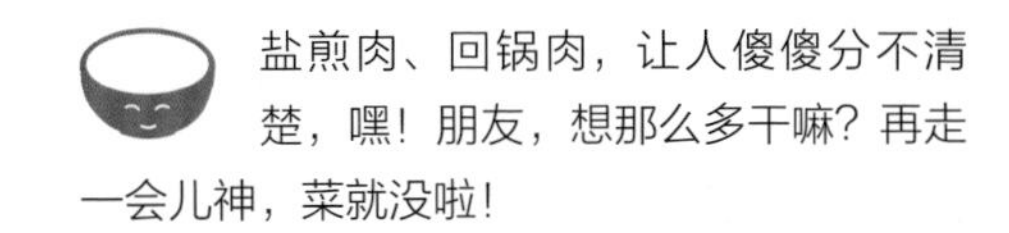

盐煎肉、回锅肉，让人傻傻分不清楚，嘿！朋友，想那么多干嘛？再走一会儿神，菜就没啦！

做法

准备

1 五花肉洗净，切成3毫米左右厚的片。此外肉片的大小不宜太小，这道菜要有一些豪气。

2 郫县豆瓣剁细，备用。这样剁细后，郫县豆瓣酱能够充分发挥其香气。

3 青蒜洗净，切成马耳朵状，放在一旁备用。

预炒制

4 炒锅放油烧至七成热，即能看到轻微油烟的时候，下五花肉片煸炒至吐油后，盛出一旁待用。

炝锅

5 锅中留少许底油，放入郫县豆瓣和豆豉炒出红油来。注意火力不要太大，以防炒煳。

6 加入蒜末、姜末，继续炒香。

混合炒制

7 将炒好的肉片倒入锅中，加少许白糖、花椒粉、鸡精和料酒，大火翻炒均匀。

8 将切好的青蒜倒入锅中，炒至青蒜断生，即可关火盛出。青蒜很容易熟，注意炒制时要火力大、速度快。

烹饪秘籍

切青蒜时保持刀与案板成90°垂直，斜着切，就是马耳朵状，也有称作马耳段的。因豆瓣酱本身很咸，可不必再加盐，依个人口味可选择加或者不加糖。

好吃才有竞争力

辣白菜五花肉

时间
25 分钟

难度
中

这道广受欢迎的韩式料理，分明就是用五花肉勾出辣白菜的鲜爽，用辣白菜引出五花肉的醇香。

主料 五花肉 100 克 | 辣白菜半棵

辅料 葱、姜各 5 克 | 韩国辣酱 1 茶匙
白糖 1 茶匙 | 鸡精 1/2 茶匙
盐 1/2 茶匙 | 油 2 汤匙

做法

准备

1 市售或自己腌好的辣白菜取半棵，切成寸段，注意辣白菜汤不要倒掉。

2 肥瘦相依的五花肉洗净切片。如果带皮五花肉不好切的话，可以放冰箱略冻硬再切。

3 葱、姜洗净切碎，韩式辣椒酱盛入小碗中，加少量清水调匀。

炒肉调味

4 锅内放油烧至六成热，放入五花肉炒至变色，放葱末、姜末炒香。

5 将用清水调稀的辣酱倒进锅中，迅速翻炒，为了避免煳锅，可以转中火。

6 让五花肉上裹匀辣酱，略炒1分钟左右，使其充分入味。

混合出锅

7 将切好的辣白菜连汤一起倒入锅中，翻炒均匀。

8 最后加少许盐、白糖、鸡精，翻炒几下，关火即可出锅。

烹饪秘籍

辣白菜是我国朝鲜族的特色食品，其味道鲜辣、爽口、开胃。因近些年韩剧的热播，更是被广大中国民众所熟知、接受并喜爱。辣酱加清水调稀再入锅，并且要快速翻炒，否则容易粘锅。

幸福地舒展

海带炒肉片

主料 干海带 100 克｜猪瘦肉 100 克
胡萝卜 1/4 个｜青辣椒 1 个
红辣椒 1 个

辅料 香葱 10 克｜姜 5 克｜蒜瓣 3 瓣
盐、鸡精、花椒粉各 1/2 茶匙
生抽、料酒各 2 茶匙
白糖 1 茶匙｜油 20 毫升

做法

准备

1 将干海带在温水中泡发，用清水反复冲洗掉细砂粒。将泡发好的海带切成2.5厘米见方的片。

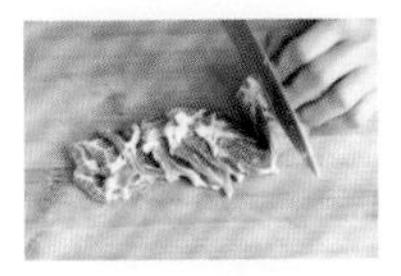

2 猪瘦肉洗净后，切成3毫米左右的薄片，加盐、料酒、1茶匙生抽腌10分钟。

3 胡萝卜、青辣椒、红辣椒洗净切片，葱、姜、蒜洗净切末。

炒制

4 锅中放油烧至五成热，将葱末、姜末、蒜末倒入锅中爆香。

5 将猪肉片倒入锅中大火炒至变色后，烹入料酒，再倒入海带，大火翻炒8分钟。

6 将青红辣椒片、胡萝卜片倒入锅中，继续翻炒5分钟。

调味

7 加入盐、鸡精、生抽、白糖、花椒粉炒匀。

烹饪秘籍

海带表面的细小沙粒会影响口感，要仔细用温水清洗，但不建议用毛刷去刷，因为海带表面的营养物质——甘露醇，用毛刷会将其刷掉，破坏营养价值。

原汁得原味

山药炒肉片

时间 15 分钟

难度 低

主料 山药 250 克 | 猪肉 100 克

辅料 红椒 25 克 | 盐 1/2 茶匙 | 生抽 2 茶匙 | 鸡精 1/2 茶匙 | 大葱 15 克 | 香葱末少许 | 油 3 汤匙 | 料酒、醋各少许

传说这山药是王母娘娘送给七仙女的陪嫁，为的是让女儿女婿在凡间也能益寿延年，传说固然不足信，但要说这山药是上天赐给众生的礼物，你还真就得点头！

做法

准备

1 猪肉切片，放入清水中泡净血水，捞出切丝，用料酒、1克盐腌制去腥。

2 山药去皮切片，放入加了醋的清水里浸泡，以防变色。

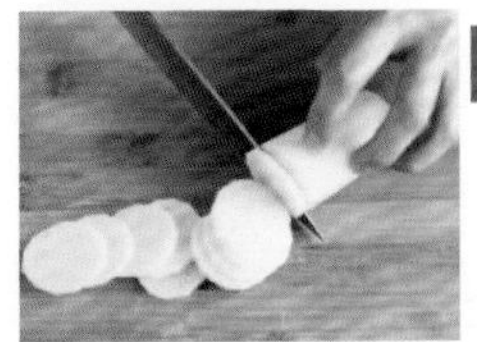

3 大葱切末，红椒洗净切丁。红椒主要是为了颜色的搭配，可以不放。

预炒制

4 锅里倒入猪肉片，煸炒至肉片变色后盛出备用。

炒山药

5 锅中放油烧至五成热，即手掌放在上方能感到明显热力的时候，将葱末放入爆香。

6 倒入沥干水分的山药片、红椒末炒匀，调入剩下的盐调味。

混合调味

7 倒入已经炒好的肉片，继续翻炒均匀。这一次要将肉片炒至熟透。

8 最后加鸡精、生抽调味，撒上少许香葱末即可。

烹饪秘籍

很多主妇为如何给山药去皮发愁。山药不但滑滑的、黏黏的，还会刺激手部皮肤。诀窍就是准备一盆清水，戴上橡皮手套，将山药浸在水中削皮；还可以先将山药整根放进热水中烫一下，捞出后迅速冲凉水，皮很容易就剥下来了。

纯粹、简单、美好

木耳炒肉

时间 20分钟

难度 低

主料 木耳 50 克 | 猪肉 200 克

辅料 料酒 2 茶匙 | 生抽 1 茶匙
葱末、姜末、蒜末各 5 克 | 香葱末少许
鸡精 1/2 茶匙 | 淀粉适量 | 盐少许
油 2 汤匙

烹饪秘籍

爱吃辣或能吃辣的，可以再加几颗剁碎的小米椒进去，风味更佳。

做法

泡发木耳

1 木耳放在温水中泡发，约15分钟。

2 将木耳去掉根部，洗干净后撕成小朵备用。

腌制肉片

3 猪肉洗净，切成2毫米厚的肉片。

4 将肉片放入小碗中，加少许盐、料酒、淀粉、生抽，拌匀腌制5分钟。

炒制肉片

5 炒锅放油烧至七成热，下葱末、姜末、蒜末爆香。

6 将腌好的肉片下锅中滑散，炒至肉变色。

混合调味

7 下入木耳，继续翻炒。

8 最后加鸡精、生抽调味，撒上少许香葱末即可。

粉白黛黑的情趣

荸荠木耳炒肉片

时间 15分钟

难度 低

主料 猪里脊肉 100 克 | 胡萝 1/4 个
干木耳 20 克 | 荸荠 6 个

辅料 香葱 10 克 | 姜 5 克 | 蒜瓣 3 瓣
淀粉、生抽、白糖各 1 茶匙
盐、鸡精各 1/2 茶匙 | 料酒 2 茶匙
油 20 毫升

烹饪秘籍

荸荠营养丰富，甜脆可口，用来炒菜，总能起到画龙点睛的作用。荸荠表面有一层黑色、质地较厚的皮，吃前需将其削去。

做法

准备

1 干木耳温水泡发后，洗净，撕成小朵。

2 里脊肉洗净后，切成3毫米左右的片，加盐、料酒、少许生抽、淀粉腌10分钟。

3 荸荠去皮，切成3毫米左右的片，胡萝卜切同样厚度的片。

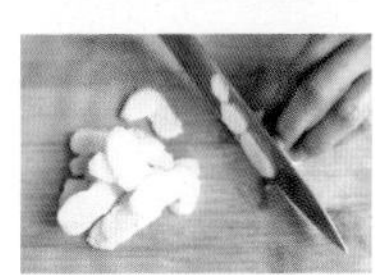

4 葱、姜、蒜洗净后，切成末，淀粉加少许凉开水，制成薄芡。

炒制

5 锅中放油烧至五成热，将葱末、姜末、蒜末倒入锅中爆香。

6 将猪肉片大火炒至变色，烹入料酒，倒入木耳翻炒5分钟。

7 将荸荠、胡萝卜片倒入锅中，继续大火炒3分钟。

调味

8 加入盐、鸡精、生抽、白糖，勾薄芡，炒匀后关火。

只因机缘巧合

蘑菇咸菜炒肉片

时间
20分钟

难度
低

用腌雪菜和蘑菇来搭配肉片的想法，想必来自于机缘巧合。可就是这么一个巧合，让人觉得还真不错，不经意间就将鲜、咸、香、醇发挥得酣畅淋漓。

主料 猪瘦肉 200 克 | 口蘑 200 克
腌雪菜 60 克

辅料 香葱 5 克 | 姜 5 克 | 蒜瓣 4 瓣
干红辣椒 3 根 | 盐 1/2 茶匙
鸡精 1/2 茶匙 | 生抽 1 茶匙
料酒 2 茶匙 | 白砂糖 1 茶匙
油 30 毫升

营养贴士

蘑菇中含丰富B族维生素、色氨酸及多种矿物质，能够提高机体免疫力、镇咳化痰、预防便秘、防癌抗癌，对消化道癌症、动脉硬化、糖尿病等有食疗功效。

做法

准备

1 猪瘦肉洗净后，切成3毫米左右的薄片，加盐、生抽、料酒腌10分钟。

2 口蘑洗净后，切成4毫米厚的片。

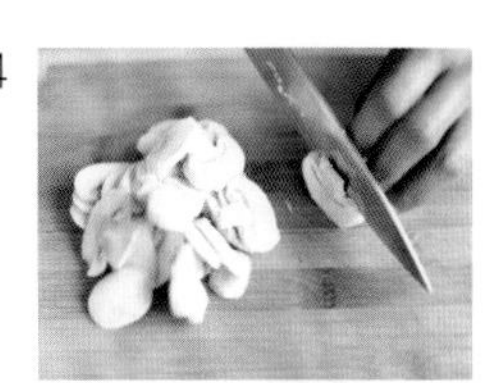

3 腌雪菜洗净后，切成1厘米左右的段，备用。

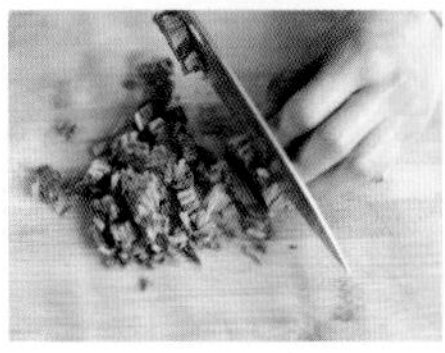

4 葱、姜、蒜洗净切成末，干红辣椒洗净切段。

炒肉片

5 锅中放油加热至五成热，下葱末、姜末、蒜末和干红辣椒段爆香。

6 将腌好的肉片倒入锅中，大火翻炒，至肉片表面颜色发白。

混合调味

7 将切好的蘑菇片和雪菜倒入锅中，大火翻炒3~5分钟。

8 锅中加入盐、鸡精、料酒、白砂糖、生抽，炒匀后关火。

烹饪秘籍

除了口蘑，其他市售常见蘑菇（除金针菇外）均可作为本道菜的选择。雪菜即雪里蕻，将新鲜的雪菜择去烂叶后先晒，再洗净晾干切成段，用盐反复揉搓后放在缸中，塞紧盖严，30天左右就可以吃了。腌雪菜很咸，在做菜前要用清水或淘米水泡一会儿，去除多余的盐分后再烹饪，再根据口味加盐。

好吃比较重要

洋葱肉片炒粉丝

时间 20分钟 | 难度 低

把洋葱配给高级牛肉，它不卑微，搭给粉丝、肉片，它也怡然自得，对于它来说，好吃才是顶顶重要的事情。

主料 猪瘦肉200克 | 洋葱1个 | 胡萝卜半个 粉丝1小捆

辅料 香葱、姜各5克 | 蒜瓣4瓣 盐、鸡精各1/2茶匙 | 生抽1茶匙 料酒2茶匙 | 油20毫升

做法

准备

1. 猪瘦肉洗净后，切成3毫米左右的薄片，加盐、生抽、料酒腌10分钟。

2. 洋葱剥掉表面干皮后，洗净切成片，胡萝卜洗净切片。

3. 粉丝用温水泡软，葱、姜、蒜洗净切成末，备用。

炒肉片

4. 锅中放油加热至五成热，下葱末、姜末、蒜末爆香。将肉片倒入锅中，大火翻炒，至肉片表面颜色发白。

混合调味

5. 将胡萝卜片倒入锅中，放少许料酒，大火翻炒3分钟。

6. 将洋葱片、粉丝倒入锅中，大火炒匀，直到粉丝变透明。

7. 将盐、鸡精、生抽放入锅中，炒匀即可出锅。

烹饪秘籍

粉丝品种繁多，而绿豆粉丝无论口感，还是耐煮性都更好。本道菜中的粉丝也可以用粉条替代，但在炒之前，要先在开水中煮熟，口感更好。

主料 猪瘦肉、金针菇各 100 克
青、红辣椒各 1 个

辅料 香葱、姜各 5 克 | 蒜瓣 2 瓣
淀粉、白胡椒粉、盐、鸡精、生抽各 1/2 茶匙
料酒 2 茶匙 | 油 30 毫升

千丝万缕

双椒金针菇肉丝

时间 12 分钟

难度 低

与其搜肠刮肚地想该进哪家馆子点什么吃，不如自己会几个像双椒金针菇肉丝这样简单又营养美味的家常菜。

做法

准备

1 猪瘦肉洗净后，切成5毫米宽，4厘米长的肉丝。

2 加盐、生抽、料酒、淀粉抓匀，腌制10分钟。

3 青辣椒、红辣椒洗净切丝，金针菇洗净，切掉根部。葱、姜、蒜切成末。

炒肉丝

4 锅中放油加热至五成热，下葱末、姜末、蒜末爆香。

5 将肉丝倒入锅中，大火炒至肉丝表面颜色发白。

混合调味

6 将金针菇和青辣椒、红辣椒丝倒入锅中，大火翻炒3分钟。

7 向锅中加入盐、鸡精、生抽、白胡椒粉，炒匀后关火即可。

烹饪秘籍

胡椒有黑胡椒和白胡椒之分。除了加工工艺有所不同，口味也有细微差别。黑胡椒香辣味更浓郁，适合炖肉及烹制野味；白胡椒味道要柔和一些，适合烹制鱼类、红烧等。

简单朴素没压力

土豆炒肉丝

时间 15分钟

难度 低

不起眼的一道菜，却能让米饭屈服，能让你的胃投降，这就足够了。

主料 土豆200克｜猪肉200克｜青尖椒50克

辅料 生抽、白醋、料酒各1茶匙
淀粉、胡椒粉、鸡精、盐各1/2茶匙
葱末、姜末、蒜末各5克
油2汤匙

烹饪秘籍

土豆切成丝后，泡在清水中，既可以避免在空气中氧化变色，也可以洗去部分淀粉，防止粘锅。

做法

准备

1 土豆削皮洗净后切丝，放入清水中，充分漂洗几次，洗去多余淀粉。

2 猪肉切成粗细均匀的丝。如果感觉不太好切，可以先略微冻硬。

3 肉丝加少许料酒、淀粉、生抽，拌匀腌制5分钟。

4 青尖椒去蒂、去子，洗净后切丝。

炒肉丝

5 炒锅加入油烧热后，下葱末、姜末、蒜末爆香。

6 将肉丝下锅中滑散，炒至肉变色。注意油温和火力不要太大，以防一下子把肉炒老。

混合调味

7 放入土豆丝继续翻炒，加盐、白醋、鸡精、胡椒粉和少量清水煮沸，再收干汤汁。

8 最后加入青椒丝翻炒均匀，至青椒丝断生，关火装盘即可。

洗尽铅华

绩溪炒粉丝

时间 25 分钟

难度 中

主料 土豆粉丝（细）适量｜圆白菜 250 克
猪肉 100 克

辅料 胡萝卜 50 克｜青蒜 2 根｜油 1 汤匙
酱油 2 茶匙｜生抽、料酒、白糖各 1 茶匙
淀粉、盐各少许｜葱末、姜末、蒜末、冬笋干、花椒粉、干辣椒、胡椒粉各适量

烹饪秘籍

绩溪炒粉丝的粉丝不宜过细，有点类似于细粉条的宽度。如无冬笋，用香菇替代也可以。

做法

准备

1 猪肉切成2毫米左右的细丝，放碗中加入淀粉、料酒、生抽、盐抓匀，腌制5分钟。

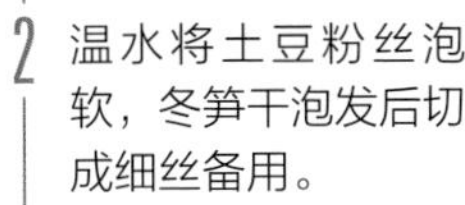

2 温水将土豆粉丝泡软，冬笋干泡发后切成细丝备用。

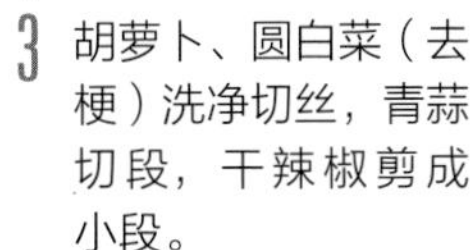

3 胡萝卜、圆白菜（去梗）洗净切丝，青蒜切段，干辣椒剪成小段。

焯烫

4 锅内清水烧热，下土豆粉丝煮至无硬心，捞出过凉水，沥干。

混合炒制

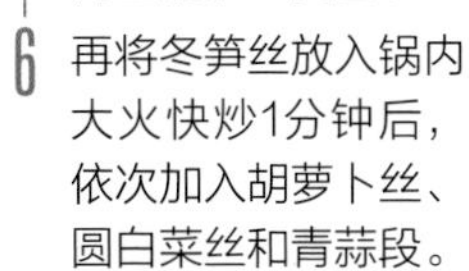

5 炒锅热后加入油烧热，放入葱姜蒜末和干辣椒段爆香，加入肉丝翻炒至变色。

6 再将冬笋丝放入锅内大火快炒1分钟后，依次加入胡萝卜丝、圆白菜丝和青蒜段。

混合调味

7 加入盐、白糖、酱油、料酒、胡椒粉、花椒粉，大火翻炒。

8 最后加入煮好的土豆粉丝翻炒均匀，关火装盘即可。

古镇名媛
三河小炒

时间
20 分钟

难度
低

主料 猪瘦肉 100 克 | 鸡蛋 1 个（取蛋清）
洋葱半个 | 芹菜 100 克 | 红椒半个
豆腐干 2 块 | 水发木耳 50 克

辅料 香葱 5 克 | 姜 5 克 | 蒜瓣 4 瓣
香醋、白胡椒粉、盐、鸡精各 1/2 茶匙
酱油、白砂糖各 1 茶匙
料酒 2 茶匙 | 油 30 毫升

看这道菜的配料是不是有点儿眼花缭乱？不怕麻烦肯下这番功夫的人，不是吃货就是深深爱着吃货的人。

做法

准备

1 猪瘦肉洗净后，切成5毫米宽，4厘米长的肉丝，加盐、酱油、料酒、蛋清抓匀，腌制15分钟。

2 洋葱、红椒、豆腐干、水发木耳洗净切丝。

3 芹菜择好冲洗干净，切4厘米长的段，葱、姜、蒜洗净切成末。

炒肉丝

4 锅中放油加热至五成热，下葱末、姜末、蒜末爆香。

5 将腌好的肉丝倒入锅中，大火翻炒，至肉丝表面颜色发白。

混合调味

6 将木耳丝、芹菜丝、豆腐干丝依次倒入锅中，大火翻炒3分钟。

7 再将红椒丝和洋葱丝倒入锅中，继续大火翻炒两三分钟。

8 将盐、鸡精、白砂糖、酱油、香醋、白胡椒粉放入锅中，炒匀即可。

烹饪秘籍

清洗木耳时，可在木耳还未完全泡发时，先用清水反复冲洗掉表面的沙子，再用剪刀剪去根部，泥沙在此容易残留，再清洗一下，这样就可以继续放在水中接着泡发了。

百吃不腻
炒合菜

时间
15分钟

难度
低

主料 猪肉100克 | 韭菜100克
黄豆芽100克 | 粉丝1小把 | 鸡蛋1个

辅料 葱5克 | 姜5克 | 蒜瓣4瓣 | 盐1/2茶匙
鸡精1/2茶匙 | 生抽1/2茶匙 | 料酒2茶匙
油30毫升 | 蛋清1个

烹饪秘籍

韭菜一年四季都有，但是春天的韭菜是最好的，清香鲜嫩。这道菜配合卷饼来吃，风味更佳。

做法

准备

1 粉丝放入温水中泡软，鸡蛋打入碗中搅散。

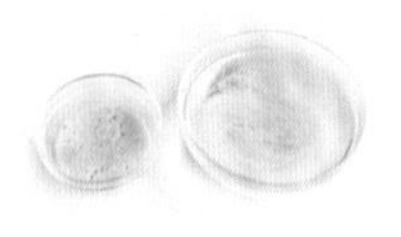

2 猪瘦肉洗净后，切成5毫米宽，4厘米长的肉丝，加盐、生抽、料酒、蛋清抓匀，腌制15分钟。

3 韭菜择洗干净，切成4厘米长的段，豆芽择洗干净，葱、姜、蒜洗净切末，待用。

4 锅中放油烧至六成热，将鸡蛋液倒入锅中，摊成鸡蛋皮厚，盛出切成丝。

炒肉丝

5 锅中放油加热至五成热，下葱末、姜末、蒜末爆香。

6 将腌好的肉丝倒入锅中，大火翻炒，至肉片表面颜色发白。

混合调味

7 将韭菜、豆芽、鸡蛋丝和泡软的粉丝倒入锅中，大火翻炒3分钟。

8 向锅内加入盐、鸡精、生抽，炒匀后关火即可。

百吃不腻
胡萝卜肉丝

时间
10 分钟

难度
低

主料 猪里脊肉 150 克 | 胡萝卜 1 个
辅料 香葱 5 克 | 姜 5 克 | 蒜瓣 2 瓣
淀粉 1/2 茶匙 | 盐 1/2 茶匙 | 鸡精 1/2 茶匙
生抽 1/2 茶匙 | 料酒 2 茶匙 | 胡椒粉 1 茶匙
油 20 毫升

烹饪秘籍

这是一道营养丰富的菜，特别适合小朋友食用，胡萝卜只需要洗净，不必去皮。

做法

准备

1 里脊肉洗净后，切成5毫米宽，3厘米长的肉丝。

2 肉丝加入盐、料酒、生抽、淀粉抓匀腌10分钟。

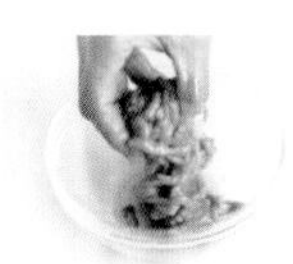

3 胡萝卜洗净后，切成细丝，待用。

4 葱、姜、蒜洗净后，切成末。

炒肉丝

5 锅中放油烧至五成热，将葱末、姜末、蒜末倒入锅中爆香。

6 将猪肉丝倒入锅中大火炒至肉片变色后，烹入料酒。

混合调味

7 将胡萝卜丝倒入锅中，继续大火翻炒5分钟。

8 将盐、鸡精、胡椒粉加入到锅中，炒匀后关火盛出即可。

走自己的路

苦瓜炒肉丝

时间 15分钟

难度 低

主料 猪里脊肉 150 克 | 苦瓜 1 个

辅料 香葱 5 克 | 姜 5 克 | 蒜瓣 2 瓣
干红辣椒 3 根 | 淀粉 1/2 茶匙
盐 1/2 茶匙 | 鸡精 1/2 茶匙
生抽 1/2 茶匙 | 料酒 2 茶匙 | 油 20 毫升

烹饪秘籍

如果想减轻苦瓜的苦味，可以在烹饪之前，先将苦瓜入热水锅中焯一下，控干水分后再烹饪，这样味道就不会很苦了。

做法

腌制

1 里脊肉洗净后，切成5毫米宽，3厘米长的肉丝。

2 肉丝中加入盐、料酒、生抽、淀粉抓匀腌10分钟。

准备

3 苦瓜洗净，先纵向一剖为二，剜掉瓜瓤，再切成5毫米宽的丝。

4 葱、姜、蒜洗净后，切成末，干红辣椒洗净切段。

炒肉丝

5 锅中放油烧至五成热，将葱末、姜末、蒜末、辣椒段倒入锅中爆香。

6 将猪肉丝倒入锅中大火炒至肉丝变色。

混合调味

7 将苦瓜丝倒入锅中，继续大火翻炒5分钟。

8 将盐、鸡精加入到锅中，炒匀后关火盛出即可。

完美时分

豆角猪柳

时间
20 分钟

难度
低

主料 猪肉 150 克 | 豆角 300 克

辅料 葱末、姜末各 5 克 | 料酒 2 茶匙
生抽 1 茶匙 | 白糖 1/2 茶匙 | 盐 1/2 茶匙
鸡精 1/2 茶匙 | 淀粉适量 | 油 2 汤匙

烹饪秘籍

豆角营养价值丰富，味道鲜美，但是一定要炒熟，避免中毒。这道菜也可以搭配牛肉。

做法

腌制准备

1 将猪肉洗净，切成1厘米宽的条。猪肉可以选择臀尖肉或猪里脊肉。

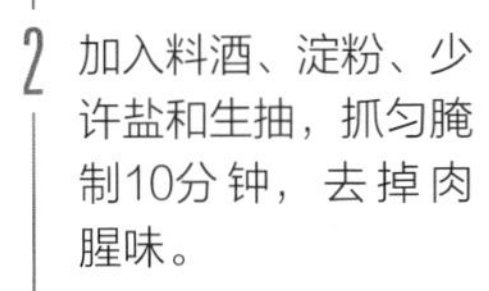

2 加入料酒、淀粉、少许盐和生抽，抓匀腌制10分钟，去掉肉腥味。

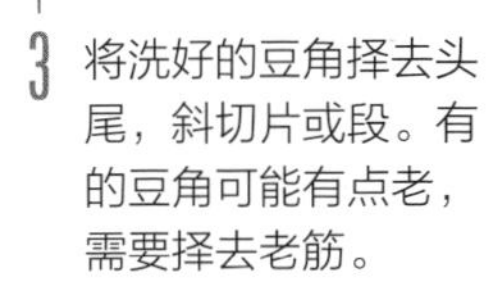

3 将洗好的豆角择去头尾，斜切片或段。有的豆角可能有点老，需要择去老筋。

预炒制

4 锅中放油烧至七成热，即能看到轻微油烟的时候，加入葱末、姜末爆香。

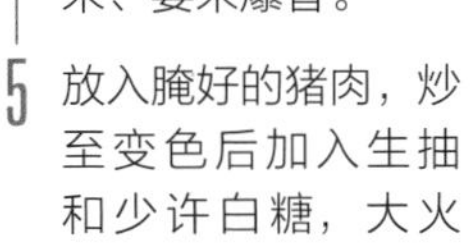

5 放入腌好的猪肉，炒至变色后加入生抽和少许白糖，大火翻炒。

混合调味

6 锅中留底油烧至七成热，倒入豆角翻炒，可分次加入少许清水。

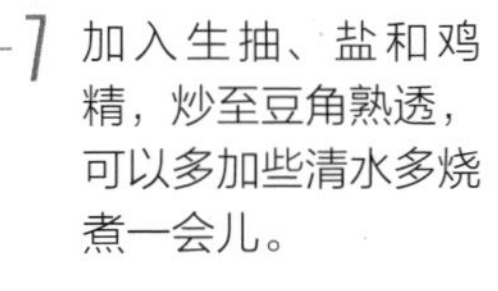

7 加入生抽、盐和鸡精，炒至豆角熟透，可以多加些清水多烧煮一会儿。

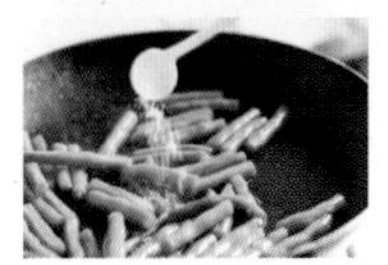

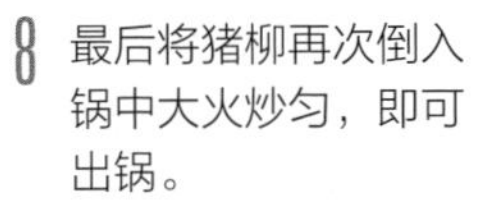

8 最后将猪柳再次倒入锅中大火炒匀，即可出锅。

暗香浮动
茭白青椒肉丝

时间
15分钟

难度
低

主料 茭白 250 克 | 猪肉 100 克 | 青椒 100 克
辅料 料酒 1 茶匙 | 淀粉 1/2 茶匙 | 酱油 1 茶匙
葱末、姜末、蒜末各 5 克 | 盐 1/2 茶匙
白糖 1/2 茶匙 | 胡椒粉 1/2 茶匙
鸡精 1/2 茶匙 | 油 2 汤匙

新鲜的茭白怎么看都透着书卷气，把它切成丝，和肉丝搭配，滋味变得清甜诱人，虽非绝色，可这份恬淡从容最是难得。

做法

准备

1 茭白去掉老皮洗净，青辣椒去蒂去子，洗净后，和茭白一起切成丝。

2 肥瘦适宜的猪肉切成粗细均匀的肉丝，粗细在5毫米左右就可以。

3 将肉丝放入小碗中，加少许料酒、淀粉、酱油，拌匀腌制5~10分钟。

炒肉丝

4 锅中放油烧至五成热，下葱末、姜末、蒜末爆香。

5 将肉丝滑散，炒至肉变色。这个过程十几秒就可以达到，注意不要过火。

混合调味

6 放入茭白丝、青椒丝，大火翻炒，让两种食材充分沾染肉的香气。

7 继续翻炒，直至青椒丝断生，茭白丝熟透。

8 最后加入盐、白糖、胡椒粉、鸡精翻炒均匀，关火盛出即可。

烹饪秘籍

要挑颜色白净、表面光滑的茭白，如果表面发黑，则表明不新鲜。

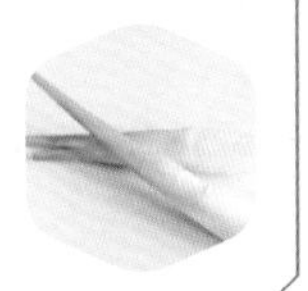

弥足珍贵
冬笋炒肉

时间
30分钟

难度
低

乍暖还寒时节，苏东坡在粗茶淡饭之余写下了“人间有味是清欢”的诗句，若给这清欢加少许的肉一起烹制，不知是否能更讨诗人的欢心？

主料 冬笋 200 克 | 猪里脊肉 200 克
辅料 葱 5 克 | 姜 5 克 | 料酒 2 茶匙
白糖 1/2 茶匙 | 鸡精 1/2 茶匙
盐 1/2 茶匙 | 油 2 汤匙

营养贴士

冬笋中富含植物蛋白质，而且淀粉含量极低，不必担心发胖。冬笋对于肥胖、高血压等有预防作用，其中的多糖物质可以起到一定的抗癌作用。

做法

准备

1 把冬笋先纵剖开，然后平放在案板上切成丝，粗细大约在3毫米就可以。

2 猪肉切丝，放入清水中泡净血水，捞出沥水，用少许盐、料酒腌制去腥。

3 葱、姜分别洗净切丝。葱、姜是这道菜香味背后的功臣，不可忽略。

预炒制

4 锅中放油烧至六成热，倒入猪肉丝，煸炒至肉丝变色后盛出备用。

5 锅里留底油烧至七成热，放葱姜丝炒出香味。

炒冬笋

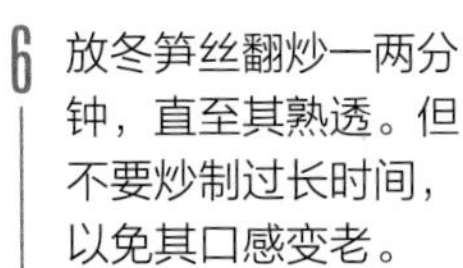

6 放冬笋丝翻炒一两分钟，直至其熟透。但不要炒制过长时间，以免其口感变老。

7 加鸡精、白糖和盐调味，让冬笋更加鲜美嫩爽。

混合调味

8 然后把肉丝放进去，翻炒均匀至肉丝熟透即可，注意肉丝已半熟，不要炒老。

烹饪秘籍

冬笋可以换成春笋，味道更加出色。调料最好在最后放肉之前加入，这样才能让笋更加入味，同时不被肉丝抢味。

是恬淡也是浓烈

黄瓜炒猪耳朵

时间 15分钟

难度 低

主料 黄瓜 1 根 | 卤猪耳朵 1 只

辅料 油 30 毫升 | 味极鲜 1 茶匙
白糖 1/2 茶匙
葱末、姜末、蒜末各适量
盐少许 | 鸡精少许

越是八竿子打不着的两个人，要是对上眼儿了，那可真是天雷勾地火了。这黄瓜和猪耳朵就是这么回事儿，平时好像谁也不挨着谁，一旦掉进一个锅里，那才叫一个灿烂。

做法

准备

1 将卤猪耳朵切成3毫米左右宽的丝。猪耳朵里面有脆骨，注意切时要稳准快。

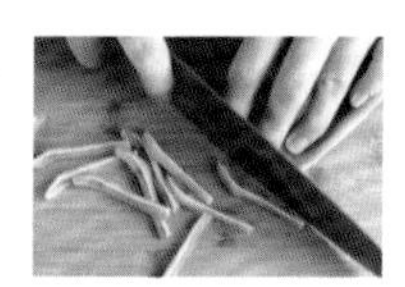

2 黄瓜洗净去蒂。黄瓜挑选的时候就一个原则：顶花带刺的最棒。

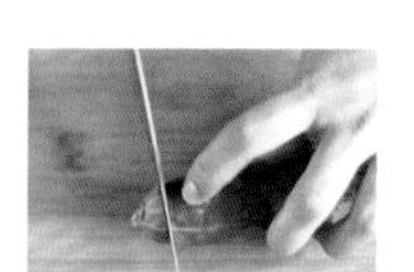

3 将黄瓜斜刀切成2毫米左右的薄片，备用。

炒制猪耳

4 炒锅热后放油烧至五成热，放入葱姜蒜末爆香。

5 下猪耳丝翻炒。猪耳朵是熟食，略微炒制十几秒就可以。

混合调味

6 再将黄瓜片放进去大火翻炒。黄瓜片，炒制十几秒就行，时间太长就没了灵气。

7 锅内加入白糖、盐、味极鲜和鸡精翻炒均匀。待黄瓜稍微变软，即可关火装盘。

烹饪秘籍

卤猪耳朵本身带有咸味，根据情况决定放盐的多寡；盐要最后放，且烹饪时间不宜过长，否则影响黄瓜的口感。

慰藉五脏六腑
熘肝尖

时间 30 分钟 | 难度 中

还记得余华笔下的许三观吗？无论是炒猪肝还是熘肝尖，对他来说都有着特别的意义，好好学下这道菜吧。

主料 猪肝 250 克 | 干木耳适量 | 胡萝卜半个

辅料 油 1 汤匙 | 白糖 1 茶匙
生抽 1 茶匙 | 料酒 1 茶匙 | 泡辣椒适量
淀粉、水淀粉各适量 | 醋 1 茶匙
葱末、姜末、蒜末各少许
盐、鸡精各少许

做法

准备

1 干木耳用温水泡发，去根，洗净后撕成小朵。胡萝卜洗净切成薄片，泡辣椒切成马耳朵状。

2 将泡好的木耳、胡萝卜片入滚水中焯至断生，捞出沥干水分备用。

3 猪肝泡净血水，反复洗净，去筋切成薄片，加盐、淀粉、料酒抓匀，腌制10分钟。

混合炒制

4 锅中放油烧热，下葱末、姜末、蒜末、泡辣椒大火爆香。

5 放入腌好的猪肝迅速滑炒，注意不要将猪肝炒老，影响口感。

6 加料酒、盐、白糖、鸡精、醋、生抽，倒入胡萝卜、木耳，大火快炒均匀。

勾芡调味

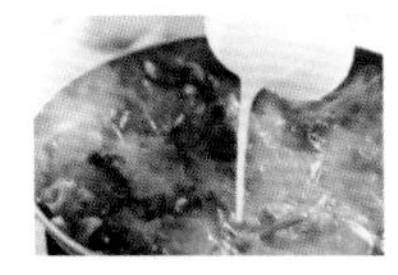

7 至原料熟透，即可勾薄芡，关火盛出。

烹饪秘籍

猪肝含铁量极高，而且也非常容易吸收，是补血佳品。炒猪肝一定要掌握火候，不能太老，否则影响口感；若无泡椒，也可以不放。

给美食加点心情

油渣土豆丝

时间
20分钟

难度
低

主料 猪油渣100克｜土豆250克

辅料 香葱5克｜姜5克｜蒜瓣3瓣
干红辣椒3根｜盐1/2茶匙｜鸡精1/2茶匙
料酒2茶匙｜花椒粉1茶匙｜油20毫升

烹饪秘籍

猪油渣用途广泛，除炒菜熬汤外，在制作家庭面点时，也可以把猪油渣切碎后放进去，增加香味，如猪油渣烙饼、花卷等。

做法

准备

1 土豆削皮后洗净，切成丝。将土豆丝放在清水中浸泡，中途可换一两次水。

2 葱、姜、蒜洗净后，切末，干红辣椒洗净切段。

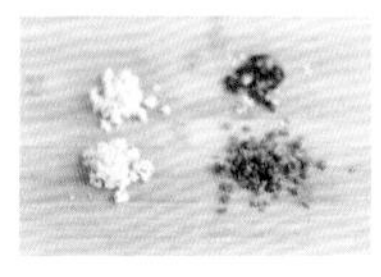

炝锅

3 锅中加油烧至五成热，下葱末、姜末、蒜末爆香。

4 向锅中加入切好的干红辣椒段，改小火，煸香。

混合炒制

5 将猪油渣倒入锅中，大火炒匀。

6 将控好水的土豆丝倒入锅中，大火翻炒5分钟。

调味

7 将盐、鸡精、花椒粉、料酒调入锅中，炒匀后即可关火盛出。

牛气冲天

洋葱炒牛肉

时间 30分钟

难度 低

主料 牛里脊肉 300 克 | 紫洋葱 1/2 个

辅料 青椒 1 个 | 蚝油 1 汤匙 | 生抽 1 汤匙
鸡精 1/2 茶匙 | 姜片、蒜片各 10 克
料酒 1 汤匙 | 淀粉 1/2 茶匙 | 油 4 汤匙

烹饪秘籍

牛肉因其肉质较粗，组织密实，横切才能将长纤维切断，保证入味，也避免嚼不烂，切记不可顺着切，否则将适得其反。

做法

准备

1 将牛里脊肉切片，厚度不要超过4毫米。

2 紫洋葱切片，放入清水中浸泡。青椒去蒂去子后，洗净切片。

3 将牛里脊肉用蚝油、料酒、淀粉抓匀，腌制20分钟左右至其入味。

炒牛肉

4 锅中放3汤匙油烧至五成热，爆香姜片和蒜片。

5 将牛肉放入，炒至变色后，再用中大火力煸炒1分钟左右，至牛肉八成熟盛出。

混合调味

6 锅中重新放少许油，将洋葱片、青椒片放入炒匀。

7 加入生抽调味。最后放入牛肉片，加鸡精炒匀即可。

令人心情大好
蒜烧牛肉粒

时间 40分钟

难度 中

主料 牛里脊肉300克｜青尖椒1根｜大蒜1头
辅料 小红辣椒2根｜蚝油2汤匙｜生抽2茶匙｜白酒1汤匙｜淀粉1茶匙｜油4汤匙

烹饪秘籍

烹饪这道菜所使用的牛肉中，最好的选择是上脑，筋膜少，纤维细，口感好。蒜可以根据个人喜好添减。

做法

准备

1 将牛里脊肉切成1.5厘米见方的丁；青尖椒去蒂去子，切段；小红辣椒洗净切段。

2 将牛里脊肉用1汤匙蚝油、白酒、1汤匙油拌匀，放入淀粉抓匀，腌制30分钟。

3 大蒜分成蒜瓣，放在案板上拍松，去皮备用。

炸制大蒜

4 锅中放入油，烧至五成热，将大蒜整瓣放入，中火煎至表面发黄后，将蒜取出。

炒牛肉

5 放入牛里脊肉，大火煸炒至基本变色断生。

6 放入青尖椒和小红辣椒炒匀，并且炒出辣椒的香气。

混合调味

7 放入大蒜炒匀。加入蚝油、生抽，翻炒均匀即可。

因欢喜而存在

姜葱炒牛百叶

时间
30分钟

难度
低

主料 牛百叶350克

辅料 姜15克｜香葱20克｜红辣椒2根
蚝油1汤匙｜酱油2茶匙
油3汤匙

烹饪秘籍

牛百叶褶皱比较多，有味道，要用凉水反复洗，而且千万不能用碱；汆烫时间不能过长，否则会变老，嚼不动。

做法

焯烫百叶

1 将牛百叶切成8毫米左右的宽条。并准备一锅沸水。

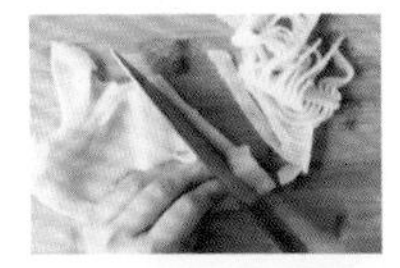

2 将牛百叶放在漏勺中，放入沸水汆烫，一次2秒左右，汆烫两三次。捞出沥干水分。

准备

3 香葱切段、姜切丝，红辣椒洗净后斜刀切丝备用。

4 将蚝油、酱油放在一起搅拌均匀，制成调味汁。

炒百叶

5 锅中放油烧至七成热，放入葱、姜、红辣椒爆香。

6 放入牛百叶大火爆炒10秒左右。注意时间一定不要长，牛百叶上的毛刺立起来了即可。

调味

7 慢慢加入调味汁，快速翻炒均匀，让牛百叶迅速裹上味道。

8 大火翻炒均匀，迅速出锅即可。

味道五颗星

葱爆羊肉

时间
10 分钟

难度
高

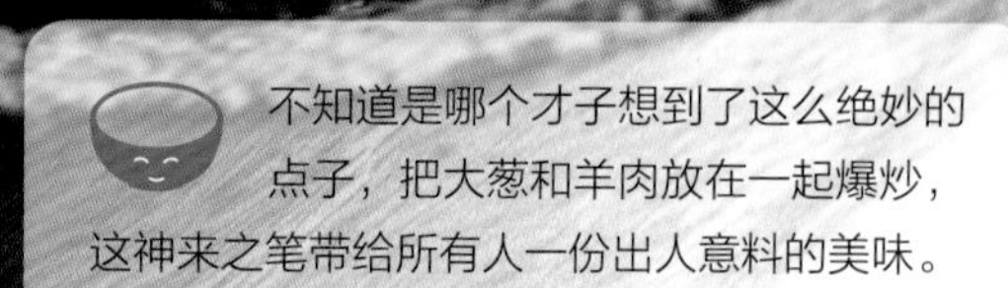

不知道是哪个才子想到了这么绝妙的点子，把大葱和羊肉放在一起爆炒，这神来之笔带给所有人一份出人意料的美味。

主料 羊肉片 300 克 | 大葱 1 根

辅料 生抽 1 汤匙 | 盐 2 克 | 鸡精 1/2 茶匙
白胡椒粉 1 克 | 黄酒 1 汤匙
水淀粉 1 汤匙 | 米醋 1 汤匙 | 香油少许
油 3 汤匙

营养贴士

大葱中的维生素含量和硒元素含量较高，与羊肉同食能中和羊肉腥膻的味道，使羊肉鲜嫩带有葱香，多食此菜还有很好的补虚益气的功效。

做法

准备

1 将大葱斜刀切成长条段，并将葱白和葱叶分开。

2 将羊肉片用生抽、鸡精抓匀，腌制3分钟左右。

炒羊肉

3 锅中放油烧至七成热，将葱白放入，片刻后会闻到葱白散发出的葱香。

4 放入羊肉片大火煸炒至变色。羊肉很易熟，要注意观察。

5 大约十几秒过后，看到羊肉刚刚变色，立刻放入黄酒烹香。

勾芡调味

6 放入葱叶，快速放入盐、白胡椒粉，大火炒匀，直至葱叶变软。

7 此时羊肉已经熟透，放入水淀粉勾薄芡，并滴少许香油。

8 最后沿着锅边淋入米醋即可。注意米醋是提香的，不可以直接倒在菜品中，要借助锅边的热力烹香。

烹饪秘籍

整道菜的制作速度需要比较快，因为羊肉一旦过火就会老了。葱爆羊肉的香气很大程度来自于最后烹入的醋，借着锅边的热力将醋的香气一下子烹出，让醋还没有来得及流下去就出锅，趁热吃最香。

香浓的暖意

芝麻羊肉

时间
30 分钟

难度
低

主料 羊腿肉 300 克｜芝麻适量

辅料 酱油 1 汤匙｜鸡粉 1/2 茶匙｜白胡椒粉 1 克
料酒 1 汤匙｜淀粉 1 茶匙｜香葱粒 15 克
蒜末 10 克｜油 500 毫升（实耗约 30 毫升）

烹饪秘籍

加料酒腌制，用来去除膻味，选用羊腿肉，改刀前最好先去除肉中的筋膜。

做法

准备

1 将羊腿肉切成小丁。丁的大小不要超过2厘米见方就可以。

2 羊肉丁用酱油、鸡粉、白胡椒粉、料酒、淀粉抓匀，腌制20分钟左右至入味。

预炸制

3 锅中放油烧至四成热，将羊肉放入，中大火力炸制。至羊肉基本断生、定型后捞出。

4 将油温提升至八成热，将羊肉再次放入，炸制十几秒后捞出沥油。

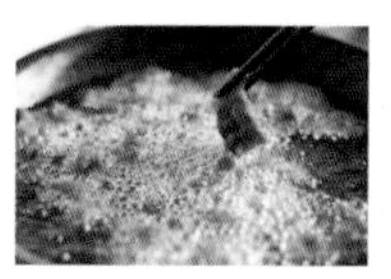

炒制调味

5 锅中留少许油爆香蒜末。注意油温不要太高，以免蒜香味还没出来就煳了。

6 放入羊肉、芝麻，炒出香味。

7 最后放入香葱粒翻炒均匀，出锅即可。

2
Chapter

鸡鸭都来帮帮忙

主料　莴笋 1 棵 | 鸡胸肉 150 克
辅料　干红辣椒 2 根 | 盐 1/2 茶匙
鸡精 1 茶匙 | 料酒 1 汤匙 | 油 3 汤匙

烹饪秘籍

为让颜色更鲜艳好看，可以酌情加胡萝卜、彩椒等鲜蔬。

做法

准备

1 将鸡胸肉切成1厘米左右见方的丁，用盐、料酒腌制入味备用。

2 莴笋去掉老根，切成长段后，先用刀片去老皮，再用刮皮器刮净，冲洗干净备用。

3 将莴笋纵切成厚片，然后再切成条，最后切成小方丁，大致1厘米左右见方。

4 干红辣椒掰成或者剪成小段，辣椒子留用。

炒鸡肉

5 锅中放油烧至四成热，将辣椒子放入锅中煸至变色出香味，然后放入干红辣椒段爆香。

6 放入鸡胸肉，大火煸炒半分钟左右至其七成熟。

混合调味

7 放入莴笋，中大火力翻炒1分钟左右，莴笋就差不多炒熟了。

8 最后放入鸡精调味，翻炒片刻即可。

营养就是战斗力

鸡丁青椒玉米粒

时间 20分钟

难度 低

主料 鸡腿肉300克 | 青椒2个
罐装甜玉米粒50克

辅料 蚝油1汤匙 | 料酒1汤匙
盐、鸡精各1/2茶匙 | 白糖2克
油3汤匙

烹饪秘籍

为让腌制的鸡肉尽快入味，可以用手反复揉抓上劲。这样，也可以最快地知道鸡肉的嫩滑程度。

做法

准备

1 将鸡腿肉切成方丁。可以直接买去骨的鸡腿肉，省去剔骨的麻烦。

2 青椒去蒂去子，洗净后切成小方片，罐装甜玉米粒取出备用。

3 将鸡腿肉用蚝油、料酒腌制入味，静置15分钟左右。

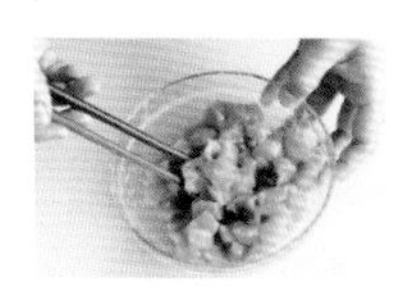

混合炒制

4 锅中放油烧至五成热，将鸡腿肉放入，煸炒至变色。

5 放入青椒，翻炒一两分钟，至青椒断生、鸡腿肉基本熟透。

6 放入甜玉米粒。罐头装的甜玉米粒可能有少许甜汁，能给菜式带来更多的美味。

7 使用中等火力，将锅中的所有食材翻炒均匀。

调味

8 最后加入盐、鸡精、白糖翻炒均匀即可。

我只负责貌美如花

彩椒炒鸡丁

时间
20 分钟

难度
低

彩椒带来的视觉体验总会令你想起夏日的海滩，如火的骄阳，涌动的青春和斑斓的梦想。这么积极向上的一道菜，既好看好吃又有营养，连那些令人伤脑筋的挑食的宝宝都难抵它的诱惑。

主料 鸡腿肉 300 克 | 青椒 1 个 | 红椒 1 个
黄椒 1 个

辅料 盐、鸡精各 1/2 茶匙 | 白糖 1/2 茶匙
蚝油 4 茶匙 | 料酒 1 汤匙
葱末、姜末各 8 克 | 油 3 汤匙

营养贴士

这道菜营养均衡，既有优质蛋白质，又有丰富的维生素。彩椒下锅的时间不要太长，以免维生素大量被破坏。

做法

准备

1 将鸡腿肉切块。如果嫌鸡腿肉不容易处理的话，也可以用鸡胸，只不过口感稍逊。

2 青椒、红椒、黄椒分别去蒂去子，洗净后，切成小方片备用。

3 将鸡腿肉用蚝油、料酒抓拌均匀，腌制入味备用。腌制时间在20分钟以上为宜。

预炒鸡肉

4 锅中放油烧至四成热，爆香葱末、姜末。

5 放入鸡腿肉，将其翻炒至变色后，继续炒1分钟左右至其八成熟，盛出备用。

混合炒制

6 锅中留少许油，将青椒、红椒、黄椒放入煸炒1分钟左右。去掉其中的生涩气味。

7 加入鸡腿肉炒匀。由于鸡肉刚才已经炒到了八成熟，所以这里炒制时间最好控制在2分钟以内。

调味

8 然后放入盐、鸡精、白糖翻炒均匀即可。

烹饪秘籍

出锅前，也可勾少许薄芡，令菜品更有光泽，若不喜欢勾芡，则可省此步骤。

情浓味更浓

咖喱鸡丁

时间 30分钟

难度 低

主料 鸡腿肉 300 克 | 胡萝卜、土豆各 100 克

辅料 豌豆 50 克 | 姜 5 克 | 咖喱粉 4 茶匙 鸡精、盐各 1/2 茶匙 | 油 4 汤匙 料酒少许

烹饪秘籍

咖喱的用量可根据个人喜好添减，因咖喱会越煮越稠，要注意搅动、控制火候，谨防粘锅。

做法

准备

1 鸡腿肉洗净，去骨后切成丁，加入料酒抓匀，腌制片刻。

2 胡萝卜、土豆分别洗净、切丁，大小大致在1.5厘米见方就可以；姜洗净、切片。

3 豌豆洗净，放入沸水中汆烫2分钟捞出。

预炒制

4 锅中放入2汤匙油，烧至五成热，爆香姜片，下入鸡丁滑散，盛出。

混合炒制

5 锅中再倒入2汤匙油烧热，下入胡萝卜、土豆煸炒至八成熟，加入约200毫升清水煮沸。

收汁调味

6 下入咖喱粉、鸡丁、豌豆，并不断搅拌。

7 待汤汁快收干时，调入盐、鸡精搅匀。

不一样的下饭菜

腰果鸡丁

时间
12 分钟

难度
低

主料 鸡胸肉 300 克

辅料 腰果 100 克 | 黄瓜 100 克 | 姜 2 片
干辣椒 10 个 | 蛋清 1 个 | 淀粉 1 汤匙
料酒 2 茶匙 | 生抽 1 汤匙 | 盐 1/2 茶匙
油适量

烹饪秘籍

鸡胸肉水分较少，在上浆之前可少量多次加入清水抓匀，直至鸡丁吸足水分再上浆，这样做出来的鸡丁会更嫩。

做法

腌制准备

1 鸡胸肉去皮洗净，切方丁；腰果洗净沥干水分。

2 切好的鸡丁加蛋清、淀粉、料酒反复抓匀上浆待用。

3 黄瓜洗净，切掉头尾，切成和鸡丁大小相仿的丁；姜洗净切末；干辣椒洗净切碎。

预炒制

4 锅中放入少许油烧热，下腰果，炒至表面微黄酥脆后盛出待用。

5 锅中再入适量油，放入上浆后的鸡丁滑散，炒至鸡丁变色后捞出沥油。

混合调味

6 锅中留适量底油，加入姜末、干辣椒段爆香，然后下入黄瓜丁翻炒均匀。

7 再倒入沥油后的鸡丁，同黄瓜翻炒均匀；再下入腰果快速炒匀。

8 最后加入生抽、盐翻炒调味后即可出锅。

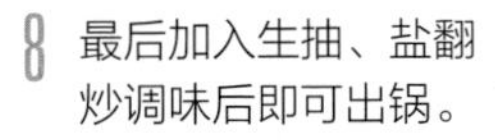

时间
25分钟

难度
中

鸡肉的鲜嫩配合花生的香脆，入口鲜辣，广受人们的欢迎。在西方国家，宫保鸡丁几乎成了中国菜的代名词，可见其名气之大，影响之广！

主料 鸡胸肉 300 克 | 熟花生仁 50 克

辅料 花椒 10 克 | 葱白 30 克 | 干红辣椒 8 根
淀粉少许 | 料酒 2 茶匙 | 盐 1/2 茶匙
生抽 1 汤匙 | 蚝油 2 茶匙 | 白砂糖 1 茶匙
水淀粉 1 汤匙 | 陈醋 1 汤匙 | 油 5 汤匙

营养贴士

相比牛肉、猪肉等，鸡肉的蛋白质含量相对更高，而脂肪含量较低。鸡肉大部分的脂肪都集中在鸡皮上，因此建议怕胖的人食用时去掉鸡皮。

做法

腌制

1 鸡胸肉先片成2~3厘米的厚片，然后切粗条，再切成大致2厘米见方的小块。葱白也切成大小相仿的方丁。

2 将鸡胸肉加入料酒去腥，加入盐、少许淀粉，用手充分抓拌均匀，静置15分钟左右。

预炒制

3 锅中放2汤匙油烧至四成热左右，放入熟花生仁，中小火炒至花生仁酥脆香浓，盛出沥油备用。

制调味汁

4 将生抽、蚝油、白砂糖、陈醋、水淀粉混合制成调味汁。将干红辣椒剪成小段，辣椒子留用。

炝锅

5 锅中放油烧至五成热，即手掌放在上方能够感受到明显热气的时候，放入花椒炸香。

6 然后放入葱白丁和干红辣椒（和子一起），炸至辣椒变色。

炒制调味

7 放入鸡丁翻炒1分钟左右至鸡肉熟透。

8 最后加入调味汁，翻炒均匀即可出锅。

烹饪秘籍

注意炸花生仁不要过火，否则会有一些苦味；炸辣椒也要注意观察，辣椒变色其实很快，千万不要让它变黑，那样香辣的味道全无，就变成煳味了。

酱爆菜中的魁首

酱爆鸡丁

时间
12 分钟

难度
中

主料 鸡胸肉 200 克 | 黄瓜 1 根

辅料 甜面酱 3 汤匙 | 鸡粉 1/2 茶匙
姜末 10 克 | 料酒 1 汤匙 | 蛋清适量
淀粉少许 | 油 100 毫升

烹饪秘籍

这道菜也可以用黄酱来炒，根据口味加糖就可以，两种酱料风味稍有差异，黄酱偏酱香，味道厚重，甜面酱偏甜，味道略薄。如果讲究的，可以将两种酱料混合起来使用。

做法

准备

1 将鸡胸肉洗净，切成1.5厘米左右见方的丁；黄瓜洗净，切成小丁备用。

2 将鸡胸肉用料酒、鸡粉和淀粉抓匀入味，然后加入蛋清抓拌均匀。

炒制调味

3 锅中放油烧至四成热，放入姜末，再放入鸡丁，温油中火滑至鸡丁基本熟透后盛出。

4 锅中留适量油，将甜面酱放入，小火炒至微微变浓稠，下入黄瓜丁和鸡丁翻匀。

爽口爽心

黑椒香菇鸡

时间 50 分钟

难度 中

黑胡椒可激发出香菇与鸡肉的鲜香，更带来丰富的口感，令人爽口爽心！

主料 鸡腿肉 350 克 | 紫洋葱 1/2 个 | 鲜香菇 5 个

辅料 姜末、蒜末各 8 克 | 淀粉 1 茶匙 | 蚝油、料酒各 1 汤匙 | 生抽 2 茶匙 | 老抽 1 茶匙 | 白砂糖 1/2 茶匙 | 现磨黑胡椒碎 1 茶匙 | 油 4 汤匙

烹饪秘籍

切洋葱时如果感觉呛眼睛，可以将切下来的洋葱放在一盆清水中浸泡备用。

做法

准备

1 用剔骨刀从中间将鸡肉纵切一刀直至骨头，然后再把肉整块地剔下来。

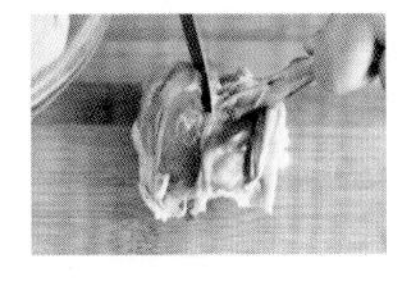

2 鸡腿肉切成2~3厘米的大块，放料酒、蚝油、淀粉，充分抓拌均匀，腌20~30分钟。

3 洋葱洗净，切成和鸡腿肉差不多大小的片。

4 鲜香菇洗净，去蒂，将菌盖切成四块备用。

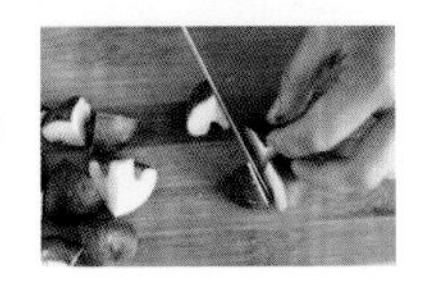

预炒制

5 锅中放入油烧至约四成热，用温油中火将鸡腿肉滑炒至断生后捞出沥油。

混合调味

6 锅中留少许油，爆香姜末、蒜末，然后放入洋葱、香菇，用大火翻炒，直至香菇变软。

7 加入鸡肉翻炒均匀。

8 加入生抽、老抽、白砂糖、现磨黑胡椒碎，烧至汤汁浓稠，所有食材软熟。

台湾美食经典
盐酥鸡

时间 60分钟　难度 中

盐酥鸡是风靡宝岛、席卷大陆的美味休闲食品，鸡块咸香酥脆、小巧美味，一不小心就会吃光一大盘！

主料 鸡腿肉 300 克

辅料 鸡蛋 1 个 | 鲜九层塔 50 克 | 淀粉适量
盐 1/2 茶匙 | 大蒜粉 2 克 | 蚝油 4 茶匙
米酒 1 汤匙 | 白胡椒粉 1 茶匙
五香粉、肉桂粉各 1 克 | 咖喱粉 2 克
花椒粉 1 克 | 鸡粉 2 克
油 500 毫升（实耗约 30 毫升）

营养贴士

虽然不推荐经常吃油炸食品，但偶尔吃一下也无可厚非。无论如何，自己在家做料理，就图一个干净、卫生、随心所欲。只要油新鲜，鸡肉新鲜，就无妨享受一下吧。

做法

准备

1 将鸡腿肉切成2厘米见方的小块。

2 鲜九层塔洗净，鸡蛋打散。

3 将鸡腿肉用蚝油、米酒、大蒜粉、2克盐、3克白胡椒粉及蛋液搅拌均匀，腌制40分钟左右入味。

4 锅中放油烧至七成热，即能看到轻微油烟的时候，将鸡腿肉裹上一层淀粉。

预炸制

5 转中小火，让油温趋于恒定，然后将裹了淀粉的鸡腿肉放入炸制。

6 炸制大约1分钟后，看到鸡肉差不多表面金黄焦脆了，盛出沥油，装盘。

混合调味

7 将九层塔也放入同样油温的油中炸制，炸至焦脆后捞出沥油。

8 将剩下的所有调料放入净锅中焙香，制成蘸料，搭配盐酥鸡食用即可。

烹饪秘籍

有人说鸡胸肉那么大块，还不用去骨，多么方便啊。但是当你尝过鸡腿肉的嫩滑口感之后，才知道鸡胸肉的口感绝对弱爆了。最后的蘸料也可以直接混合后蘸食，但是放入平底锅中焙香的蘸料会香气更足。

色香味俱全
辣子鸡

这是一道色香味俱全的重庆名肴。成菜色泽艳丽，酥香爽脆，麻辣鲜香，用多少形容词都不过分，因为真的是太香啦。

主料 鸡腿肉 500 克

辅料 干红辣椒 40 克 | 麻椒 20 克
姜末 10 克 | 葱丝 20 克
盐、鸡粉各 1 茶匙 | 花椒粉 1 克
白糖 1/2 茶匙 | 绍兴花雕 4 茶匙
油 500 毫升（实耗约 40 毫升）

做法

准备

1 将鸡腿肉切成2厘米见方的块；干红辣椒剪成2~3厘米的段，和辣椒子放在一起。

2 将鸡腿肉用盐、鸡粉、花椒粉、花雕抓拌均匀，静置40分钟至入味充分。

预炸制

3 锅中放油烧至七成热，即能看到少许油烟的时候，将鸡腿肉放入，中火炸制。

4 直至鸡肉表皮焦黄，鸡皮有酥脆感的时候，将鸡肉捞出沥油备用。

混合调味

5 锅中留少许油，保持油温，将干红辣椒（连同子一起）、姜末、葱丝、麻椒一起放入，爆出麻辣香气。

6 将鸡肉放入翻炒均匀。

7 撒入白糖，大火翻炒均匀即可。

烹饪秘籍

放入白糖是为了中和一些辣味，可以根据自己的口味增减。

主料 芦笋 300 克 | 鸡胸肉 400 克

辅料 红菜椒 1 个 | 料酒 2 茶匙 | 淀粉 2 茶匙 鸡精 1/2 茶匙 | 白砂糖少许 | 盐 1 茶匙 油适量

脆嫩俘获芳心

芦笋炒鸡柳

时间 10 分钟

难度 低

绿油油的芦笋脆生生的，白白嫩嫩的鸡柳更是一级棒，还有那红菜椒更是让整道菜更漂亮了。

做法

准备

1 鸡胸肉清洗干净，切手指粗细的长段。

2 切好的鸡柳加盐、料酒、淀粉拌匀腌制待用。

3 芦笋清洗干净斜切三四厘米长的段待用。

4 红菜椒去蒂去子洗净，然后切细丝待用。

5 锅中倒入适量水烧开，下切好的芦笋段汆烫3分钟捞出。

炒鸡肉

6 炒锅内倒入适量油烧至四成热，下入腌制好的鸡柳，滑至变色。

混合调味

7 下入的芦笋翻炒，再放入红菜椒丝炒匀。

8 最后加入盐、鸡精、白砂糖翻炒调味即可。

烹饪秘籍

芦笋洗净后要用刀把老掉的部分切掉，不然会影响口感；滑鸡柳时油温一定不能太高，这样鸡柳才够嫩。

如冰般脆，似玉般润

银芽鸡丝

时间 30分钟

难度 中

主料 鸡胸肉 1 块 | 绿豆芽 100 克 | 韭黄 50 克 姜丝少许

辅料 油 2 汤匙 | 盐 1 茶匙 | 生抽 1 汤匙 胡椒粉少许 | 淀粉 1 茶匙 | 料酒 1 汤匙

烹饪秘籍

没有韭黄，可用韭菜代替；没有韭菜，可用香葱段。或者不放也可以。

做法

准备

1 鸡胸肉去筋、去膜，切成细丝。

2 用盐、料酒、胡椒粉、淀粉拌匀。

3 绿豆芽择去根须和叶芽，洗净沥干，备用。

4 韭黄择净，清水冲洗，切段。

预炒制

5 炒锅加油烧热，爆香姜丝。下鸡丝划散，炒至七成熟，盛出。

混合调味

6 锅内余油下绿豆芽炒至断生。

7 放入鸡丝，淋上生抽翻匀。

8 下韭黄段翻两下即可。

把舌头唤醒

泡菜鸡片

时间 20分钟

难度 低

主料 鸡胸肉 250 克 | 泡菜 100 克

辅料 青椒 1 个 | 蚝油 2 汤匙 | 料酒 1 汤匙
鸡蛋 1 个 | 姜片 8 克 | 淀粉 1 茶匙
油 3 汤匙

烹饪秘籍

出锅前，如果家里有泡菜水，可以往锅中放少许，风味更浓郁。

做法

准备

1 将鸡胸肉洗净，切成大片。鸡蛋磕开，取蛋清。

2 鸡肉用蚝油、料酒抓拌均匀，腌制入味。然后加入蛋清和淀粉，抓匀上浆。蛋清不必放入太多。

3 泡菜切成片。泡菜的口味有的偏甜，有的偏酸辣，可以根据自己的口味选购。

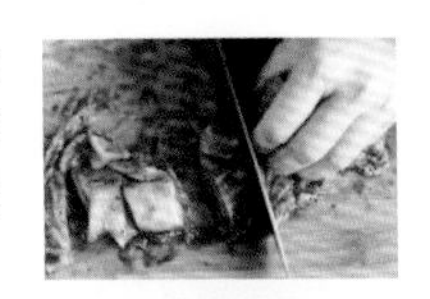

4 青椒去蒂去子洗净后，也切成方片，或者用手掰也可以。

炒鸡肉

5 锅中放油烧至四成热，即手掌放在上方能感到微微热力的时候，将姜片放入煸香。

6 放入鸡胸肉滑炒至变色。注意火力大致中大火即可，鸡胸肉熟的速度还是比较快的。

混合调味

7 放入青椒片，继续煸炒至青椒断生，此时鸡肉也差不多熟透了。

8 放入泡菜翻炒均匀即可。泡菜和蚝油里都有盐分，所以不必做多余的调味了。

美味随心搭配

木耳尖椒炒鸡柳

时间 20 分钟　　难度 低

世上的食材万万千，能聚到一起的机会是几万分之一，正因为不容易，我们才更珍惜这场相遇，就算是简单，就算是平凡，也要相互支撑，彼此温暖。

主料 鸡胸肉 350 克 | 干木耳 8 克

辅料 青尖椒 1 个 | 蚝油 2 汤匙 | 料酒 1 汤匙 | 白胡椒粉 1 克 | 姜末 8 克 | 生抽 2 茶匙 | 油 3 汤匙

营养贴士

木耳口感爽脆，更有清除肠胃杂质的功效，与蛋白质含量较高的鸡肉和维生素丰富的尖椒搭配，不仅味道鲜美，更能满足人体多种营养需求。

做法

准备

1

将鸡胸肉先片成片，每一整块鸡胸肉片成三四片的厚度就可以。然后再分切成小方片。

2

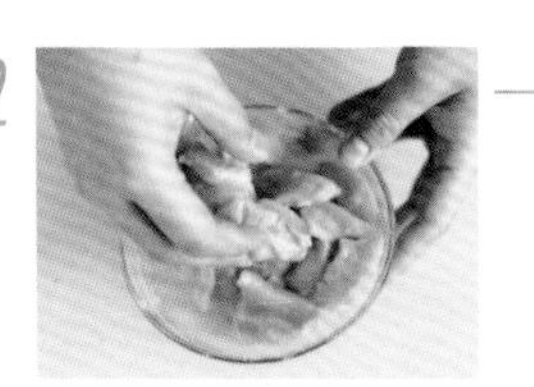

将鸡胸肉用蚝油、料酒、白胡椒粉抓匀，腌制片刻入味。

3

将干木耳用水泡发，择洗干净老根，并拆成小朵。青尖椒去蒂去子，洗净后切成方片备用。

炒鸡肉

4

锅中放油烧至五成热，爆香姜末。姜末能给这道菜赋予更多的香气。

5

将鸡胸肉放入开始翻炒，注意火力不要太大，鸡胸肉很容易被炒老。

6

中火炒至鸡胸肉两面变色，此时鸡胸肉基本断生了，这个过程仅需要半分钟。

混合调味

7

放入木耳和尖椒，大火翻炒2分钟左右。注意勤加翻动，让食材均匀受热。

8

加入生抽调味，翻炒均匀即可。鸡胸肉已经用蚝油腌制了，所以不必加太多生抽。

烹饪秘籍

烹饪鸡肉时，应掌握好火候，才能保证口感滑嫩。这道菜可以多放一点点油，让菜的口感更加润滑。

老幼咸宜

可乐鸡翅

时间
45 分钟

难度
低

味道鲜美，色泽艳丽，鸡翅嫩滑，又保留了可乐的香气，颇受老人和小孩的喜爱！

主料 鸡翅中 400 克

辅料 葱段、姜块各 10 克 | 八角 5 克
可乐 1 听 | 酱油 2 汤匙
鸡精 1/2 茶匙 | 五香粉 2 克
料酒 2 汤匙 | 油 3 汤匙

做法

准备

1 将鸡翅洗净，葱段、姜块拍松备用。

预煎制

2 锅中放油烧至七成热，将葱段、姜块、八角放入煸香，然后放入鸡翅，煸炒至呈金黄色。

收汁调味

3 然后放入可乐、酱油、鸡精、五香粉和料酒，大火煮开。

4 最后用中小火烧至汤汁收干即可。

烹饪秘籍

可乐中含有糖分，所以就不用另外添加糖了。由于要将汤汁收干，所以在最后的时候要勤加翻动，失去水分的糖分非常容易煳锅，要特别注意。

小清新与重口味的混搭

丝瓜炒鸡杂

时间 12分钟

难度 低

主料 丝瓜2根 | 鸡胗100克 | 鸡心80克

辅料 姜5克 | 蒜2瓣 | 料酒2茶匙
生抽2茶匙 | 蚝油1汤匙 | 绵白糖1茶匙
淀粉少许 | 盐1/2茶匙 | 油适量

做法

准备

1 鸡胗、鸡心清洗干净，然后切薄片。加料酒、生抽、绵白糖、淀粉拌匀腌制待用。

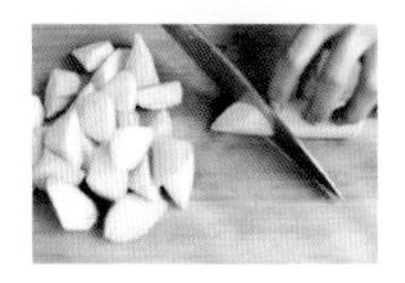

2 丝瓜去皮清洗干净，然后切成滚刀块待用。

3 姜去皮洗净切姜丝；蒜剥皮洗净切蒜末。

炒鸡杂

4 锅中入适量油烧至七成热，下姜丝、蒜末爆至出香味。

5 然后放入腌制好的鸡杂片，大火快速翻炒1分钟。此时鸡杂片应该基本变色了。

混合调味

6 再下入丝瓜块翻炒均匀，直至丝瓜变软。

7 最后加入蚝油、盐翻炒调味后即可出锅。

很多美食的由来都是一个美丽的“错误”，不知道是谁第一个想出了这样的搭配，想来起初也是一个“错误”吧？谁承想这清新软香的丝瓜配上这些重口味鸡杂，居然成为了吃货的心头好呢？

烹饪秘籍

丝瓜切好后放入清水中浸泡，以防止氧化；炒鸡杂时一定要旺火快炒，这样鸡杂才够脆嫩。

金风玉露一相逢

毛豆炒鸡杂

时间
20 分钟

难度
低

主料 鸡胗、鸡心各 200 克

辅料 毛豆 60 克 | 红辣椒 10 克 | 姜、蒜各 5 克
料酒 1 汤匙 | 酱油 4 茶匙
胡椒粉 2 克 | 鸡精、盐各 1/2 茶匙
油 3 汤匙

烹饪秘籍

鸡杂的腥味略重，需要洗净并用料酒腌制，有助去除异味。如果有黄酒或者白酒，去腥效果更佳。

做法

准备

1 鸡胗、鸡心洗净，切块，加入料酒、胡椒粉抓匀，腌制备用。也可以用白酒替代料酒。

2 毛豆洗净，红辣椒切段；姜洗净、切片；蒜去皮、切片。同时准备一锅沸水。

3 将洗好的毛豆放入沸水中煮熟，捞出沥水。

炒制鸡杂

4 锅中加入油烧至五成热，下入姜、蒜、红辣椒爆香，下入鸡胗、鸡心煸炒。

5 待鸡胗、鸡心变色，调入酱油炒匀。调大火力，大火爆炒，让食材充分入味。

混合

6 下入毛豆煸炒均匀。由于毛豆已经熟了，所以炒十几秒即可。

收汁调味

7 锅中加入大约100毫升清水煮沸，再大火收干汤汁。

8 待汤汁快干时，调入盐、鸡精炒匀即可。

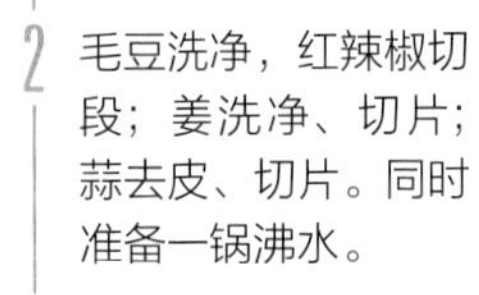

再吃一碗的理由

香辣掌中宝

时间 20分钟

难度 低

主料 鸡脆骨300克 | 干红辣椒20克

辅料 淀粉、蛋液各适量 | 花椒粒5克 | 酒鬼花生1袋
葱末、姜末、蒜片各适量 | 胡椒粉、生抽各少许
盐、鸡精各适量 | 料酒1茶匙
油500毫升（实耗约30毫升）

烹饪秘籍

加入花生，口感更酥脆、美味，花生可以在超市买现成的，也可以自己炸制。

做法

准备

1 鸡脆骨洗净后切成小块，干红辣椒剪成段。

2 将鸡脆骨放入碗中，加盐、料酒、生抽抓匀，腌10分钟。

3 将腌好的鸡脆骨裹上蛋液和淀粉。

预炸制

4 锅内放足量油，烧至六成热时，将鸡脆骨逐一放入。

5 待鸡脆骨炸至表面金黄、酥脆时，捞出沥油。

混合调味

6 锅中留少许底油烧热，下葱末、姜末、蒜片、干红辣椒和花椒粒炒香。

7 将鸡脆骨倒入炒锅，加盐、鸡精、胡椒粉，大火翻炒。

8 最后将酒鬼花生倒入锅中，炒匀关火即可。

香气诱人想饭醉

菠萝炒鸭胸

时间 30 分钟

难度 低

主料 鸭胸肉 400 克 | 菠萝 1/4 个 | 洋葱半个
青椒、红椒各 1 个

辅料 淀粉、番茄酱、白醋各 2 茶匙
白糖、料酒各 1 汤匙
鸡精、盐、水淀粉、香油各适量
胡椒粉少许 | 油 200 毫升（实耗约 50 毫升）

烹饪秘籍

鸭胸肉肉质鲜嫩，在西餐中使用非常广，而如今也越来越多地运用在中餐中。

做法

准备

1 将鸭肉洗净，切成片。厚度不要超过4毫米。加入盐、料酒、淀粉和少量的油抓匀，腌10分钟。

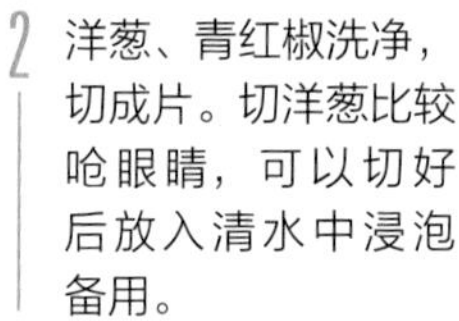

2 洋葱、青红椒洗净，切成片。切洋葱比较呛眼睛，可以切好后放入清水中浸泡备用。

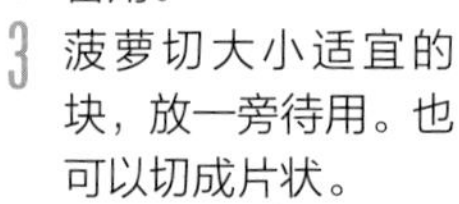

3 菠萝切大小适宜的块，放一旁待用。也可以切成片状。

预炒制

4 锅中加较多的油，烧至五成热，将鸭肉下锅中滑炒至变色后，捞出沥油。

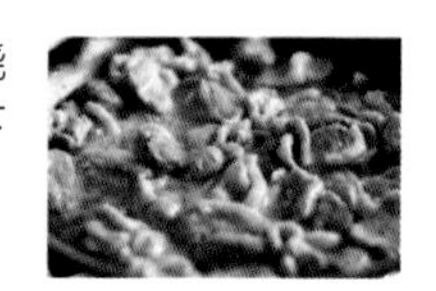

制汤

5 锅内留底油，烧热后放番茄酱炒匀，加少许清水、白糖和白醋搅匀。

混合调味

6 放入切好的菠萝块、洋葱、青红椒大火翻炒。

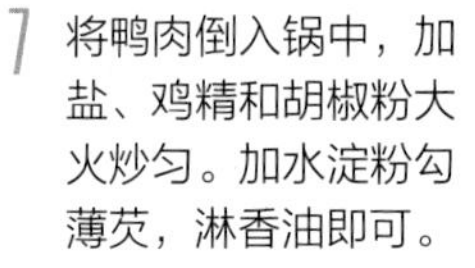

7 将鸭肉倒入锅中，加盐、鸡精和胡椒粉大火炒匀。加水淀粉勾薄芡，淋香油即可。

Chapter

水产从来都好吃

又脆又嫩

蒜香鱼排

时间 60分钟　难度 低

鱼排又鲜又嫩，腌制入味，再裹满脆脆的面包糠，香脆可口、有滋有味。

主料 青鱼 800 克

辅料 面包糠 250 克 | 姜 3 克 | 蒜 2 头
鸡蛋 1 个 | 淀粉 2 茶匙
番茄酱 2 汤匙 | 胡椒粉 1 茶匙
料酒 3 汤匙 | 橄榄油 80 毫升
香草盐适量

做法

准备

1 青鱼洗净，去头、去尾、去鱼皮，沿着鱼骨片出2条鱼排。

2 姜去皮、切片；蒜去皮、压蓉；鸡蛋打散成鸡蛋液。

3 将鱼排切成长约8厘米、宽约3厘米的块。

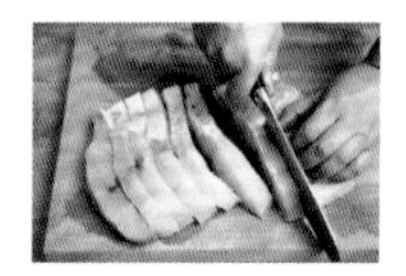

腌制挂糊

4 在鱼块中放入姜片、蒜蓉、番茄酱、胡椒粉、料酒、适量香草盐拌匀，腌制40分钟。

5 橄榄油倒入锅中，烧至五成热时，取腌好的鱼片先裹满淀粉，再挂满鸡蛋液，最后蘸满面包糠，放入油锅中炸至两面金黄，捞出沥油。

炸制

6 炸过的鱼排再次入油锅炸第二遍，捞出后沥干油分即可。

烹饪秘籍

① 鱼片先后蘸满淀粉、鸡蛋液、面包糠，多层包裹避免里面的鱼肉散碎，还让炸出来的口感更酥脆。

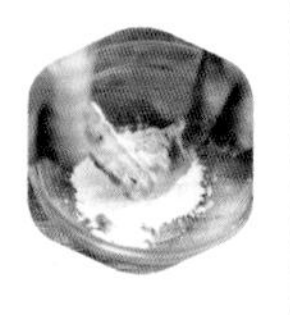

② 青鱼的鱼骨一定要处理干净，避免吃起来影响口感。

吃鱼专利

五色炒鱼

时间 40分钟

难度 低

五种不同颜色的蔬菜搭配鲜嫩香美的龙利鱼，营养全面丰富，口味清淡健康，绝对俘获人心。

主料 龙利鱼 450 克

辅料 胡萝卜半根 | 山药、青笋各 80 克 | 干木耳 3 克 | 熟玉米粒 25 克 | 生抽、料酒、橄榄油各 4 汤匙 | 淀粉 1/2 茶匙 | 姜 3 克 | 蒜 3 瓣 | 香葱 1 根 | 八角 2 个 | 胡椒粉 2 克 | 盐适量

做法

准备

1 龙利鱼切成约3厘米见方的块，加生抽、料酒各2汤匙，以及胡椒粉、淀粉、盐抓匀，腌制30分钟。

2 干木耳提前1小时泡发，洗净；胡萝卜、山药、青笋去皮、洗净，切成2厘米见方的块。

3 姜去皮、切末；蒜去皮、切片；香葱去根、洗净、切碎。

预炒制

4 炒锅中倒入2汤匙橄榄油，烧至五成热时，放入龙利鱼块，中火炒至微黄盛出。

混合调味

5 另起锅倒入剩余橄榄油，烧至五成热时下入姜末、蒜片、八角炒香，放胡萝卜、山药、青笋翻炒。再放入木耳、熟玉米粒，中火翻炒5分钟。

6 放入龙利鱼块，倒入剩余生抽、料酒、适量盐炒匀，撒入香葱碎调味。

烹饪秘籍

龙利鱼肉质细嫩，不要用力频繁翻炒，避免散碎，影响菜品美观度。

鲜香嫩滑

藤椒鱼

时间
60 分钟

难度
中

主料 草鱼 1 条

辅料 鸡蛋 1 个 | 藤椒 25 克 | 干辣椒 20 根
红米椒 10 根 | 青米椒 10 根
黄豆芽 150 克 | 青笋 100 克 | 香芹 100 克
姜 3 克 | 大葱 50 克 | 蒜 8 瓣 | 生抽 3 汤匙
料酒 3 汤匙 | 胡椒粉 1/2 茶匙
橄榄油 60 毫升 | 盐适量

鱼片裹满一层蛋液，滑入锅中，口感鲜嫩香软，几种配菜略带鱼香的同时还脆嫩爽口，有了配菜的加入，即便多浇几勺油也不觉得腻。

做法

腌制

1 草鱼洗净，去头、去尾、去皮，沿着鱼骨剔出2排鱼肉，再斜刀片成厚约5毫米的鱼片。

2 鱼片中磕入鸡蛋，加生抽、料酒、胡椒粉、适量盐拌匀，腌制30分钟。

准备

3 干辣椒切小段；青、红米椒洗净，去蒂、切圈；青笋去皮，洗净、切条；香芹洗净、切段；黄豆芽洗净，沥干水分。

4 姜去皮、切片；大葱去皮、切段；蒜去皮；香葱洗净、切碎。

炒制

5 20毫升橄榄油倒入锅中，烧至五成热时，放入姜片、大葱段、蒜瓣、干辣椒段煸香。

6 再下入青笋条、香芹段、黄豆芽，中火翻炒3分钟，倒入开水，转中火熬煮2分钟。

收汁调味

7 随后滑入腌好的鱼片，翻拌几下，加适量盐调味，随后一同盛入大碗中。

8 将藤椒、青红米椒圈一同撒入碗中，剩余的橄榄油烧热，浇在藤椒、青红米椒圈上即可。

烹饪秘籍

① 可以留部分干辣椒段最后放在鱼汤上，浇热橄榄油时能激发辣椒中的香气，味道更醇香。

② 鱼片腌制时表面挂一层鸡蛋液，再入锅烹煮，口感更嫩滑。

清脆与酥脆的双重结合

香梨咕咾鱼

时间 45分钟

难度 低

香梨爽脆清甜，龙利鱼酥脆酸甜，香梨可以缓解龙利鱼经过油炸带来的油腻感。富含维生素的水果和富含蛋白质的鱼组合，帮你补满元气！

主料 龙利鱼 400 克 | 香梨 3 个

辅料 鸡蛋 1 个 | 番茄酱 30 克
料酒、白醋各 2 汤匙
白糖、胡椒粉各 1/2 茶匙
淀粉 2 茶匙 | 熟白芝麻 1 克
玉米油 200 毫升 | 盐适量

做法

准备

1 龙利鱼解冻洗净，切成约3厘米见方的块，磕入鸡蛋，加胡椒粉、料酒、适量盐抓匀，腌制20分钟。

2 香梨洗净，切成约2厘米见方的块，浸泡在淡盐水中，使用前沥干水分。

3 将1茶匙淀粉倒入鱼块中，使其均匀裹满淀粉。

预炸制

4 锅中倒入玉米油，烧至五成热时，倒入裹满淀粉的龙利鱼块，中火炸至酥脆捞出。

制调味汁

5 番茄酱、白醋、白糖、剩余淀粉、少许盐，再加适量清水调成番茄酱汁。

炒制调味

6 将酱汁倒入另一锅中，开中火熬煮浓稠，随后倒入炸好的龙利鱼块和香梨块，迅速翻拌均匀，出锅前撒上熟白芝麻。

烹饪秘籍

① 龙利鱼腌制前要用厨房纸吸干水分，避免水分溶解掉盐分和调味品，导致不易入味。

② 第一次炸鱼是要逼出水分，捞出后放入无水的碗中稍微晾一会儿，第二次复炸利用高油温使鱼块更酥脆。第一次炸不适宜用高油温，否则很快变焦。

主料　草鱼 1 条 | 苦瓜 1 根 | 紫苏叶 80 克
辅料　姜 3 克 | 大葱 20 克 | 红米椒 3 根 | 青米椒 3 根 | 生抽 3 汤匙 | 料酒 3 汤匙 | 胡椒粉 1/2 茶匙 | 橄榄油 3 汤匙 | 淀粉 1/2 茶匙 | 盐适量

夏日好吃食

紫苏苦瓜炒鱼片

时间 45 分钟
难度 低

夏日吃这道菜刚刚好，紫苏与苦瓜均有助于清热降火，还能促进食欲，与嫩滑的鱼片一起翻炒，微辣适口，苦嫩鲜香。

做法

腌制

1 草鱼洗净，去头、去尾、去皮，沿着鱼骨片出2排鱼肉，再片成厚约8毫米的鱼片。

2 鱼片中倒入生抽、料酒、胡椒粉、淀粉、适量盐，翻拌均匀，腌制30分钟。

准备

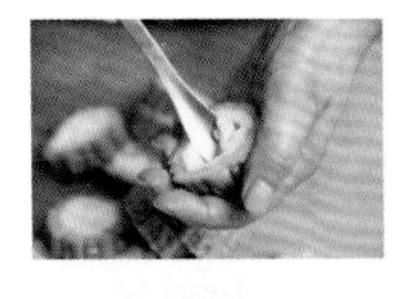

3 苦瓜洗净，去瓤、去子，切成厚约2毫米的圈；紫苏叶洗净，沥干水分。

4 姜去皮、切丝；大葱去皮、斜刀切片；红、青米椒洗净，去蒂、切圈。

炒制

5 橄榄油倒入炒锅中，烧至五成热时，放入姜丝、大葱片、青红米椒圈炒香。

6 随后放入苦瓜圈，大火翻炒3分钟，再滑入腌好的鱼片，快速翻拌炒至变色。

混合调味

7 接着放入紫苏叶翻炒30秒，再加少许盐调味，出锅即可。

烹饪秘籍

① 鱼片不要用力翻拌，易导致散碎，影响菜品卖相。
② 紫苏叶翻炒时间不要太长，其遇盐或高温会析出水分，再加锅铲翻拌容易变得软塌。

吸满汤汁的鱼块

酸甜小炒鱼

时间
45 分钟

难度
中

鱼块先过油保持完整，口感外脆里嫩，放入酸甜的汤汁中翻滚，更加嫩滑美味，清甜的青红椒使这道菜更具诱惑力。

主料 草鱼肉 500 克

辅料 红椒半个 | 青椒半个 | 淀粉 25 克
鸡蛋 1 个 | 生抽、料酒、米醋各 2 汤匙
胡椒粉 1/2 茶匙 | 番茄酱 30 克
白糖 30 克 | 姜 3 克 | 大葱 20 克
蒜 6 瓣 | 橄榄油 80 毫升
盐适量

做法

准备

1 草鱼肉洗净，吸干水分，切成小块，撒入胡椒粉和适量盐拌匀，腌制20分钟。

2 红椒、青椒洗净，去子、去蒂、切小块；姜去皮、切片；大葱去皮、切段；蒜去皮；鸡蛋打散成鸡蛋液。

预炸制

3 橄榄油倒入锅中，烧至五成热时，鱼块蘸满鸡蛋液再裹满淀粉（20克），炸至金黄，盛出沥干油分。

酱汁调味

4 另起一锅不放油，烧热后放入姜片、大葱段、蒜瓣爆香。

5 加番茄酱、白糖、剩余淀粉、少许盐、生抽、料酒、米醋和适量清水，熬成浓稠汤汁。

6 最后倒入炸好的鱼块和青红椒块炒匀，入味后出锅即可。

烹饪秘籍

炸过的鱼块中有油分，再起锅炒制时无须再放油，避免油量过多口感发腻，同时还可以减少摄油量。

脆脆的，好好吃

椒盐脆鱼皮

时间
50 分钟

难度
低

做鱼丢弃下来的鱼皮，腌制几分钟，蘸上鸡蛋液和淀粉炸至酥脆，吃起来不会比鱼肉的味道差，没准这块边角料就变成大明星了。

主料 三文鱼皮 500 克

辅料 生抽 2 汤匙 | 料酒 2 汤匙
胡椒粉 1/2 茶匙 | 鸡蛋 2 个
淀粉 10 克 | 橄榄油 60 毫升
香葱 1 根 | 椒盐粉 1/2 茶匙
盐适量

做法

准备

1 三文鱼皮洗净，吸干水分，切成小块，加生抽、料酒、胡椒粉、适量盐拌匀，腌制30分钟。

2 鸡蛋打散成鸡蛋液；香葱去根、洗净、切碎。

炸制装盘

3 锅中倒入橄榄油，烧至五成热。腌好的三文鱼块裹满鸡蛋液，再裹满淀粉，放入油锅中炸至金黄，捞出沥干油分。

4 在三文鱼皮上撒上椒盐粉和香葱碎调味即可。

烹饪秘籍

三文鱼皮中含有油脂，吃时蘸点番茄酱或柠檬汁可以解腻。

翩翩起舞

避风塘炒虾

时间 40分钟

难度 中

这个名字起得妙，总能让人想到家。家，不就是每个人避风的港湾吗？无论在外面经历多少风雨，回到家，一句“开饭啦”的招呼就让人感觉那么温暖。

主料 青虾 350 克

辅料 葱段、姜块各 15 克｜料酒 1 汤匙
蚝油 4 茶匙｜葱末、姜末、蒜末各 15 克
干红辣椒 5 根｜白胡椒粉 2 克
淀粉、面包糠各适量
油 500 毫升（实耗约 50 毫升）

营养贴士

这道菜之所以能闻名遐迩，光是味道好可能还不足以打动人心，还必须拼营养。高蛋白低脂肪结合的无敌美味，足以俘获人心。

做法

准备

1 将青虾背部划开一刀，用牙签挑去虾线，冲洗干净备用。虾壳不必去除。

2 将葱段、姜块拍松泡水，制成葱姜水备用。干红辣椒掰成或者剪成小段，辣椒子留用。

3 将虾用蚝油、料酒、葱姜水、白胡椒粉抓匀腌制入味。然后再裹上一层淀粉。

预炸制

4 锅中放油烧至七成热，将虾放入炸至金黄焦脆后，捞出沥油备用。

炒面包糠

5 锅中留下少许油，将干红辣椒和子放入煸至变色，再放入姜末、蒜末。

6 放入面包糠，炒至香气浓郁。面包糠的量可以多一些，足够没过虾就可以。

混合调味

7 放入虾，翻炒均匀。让虾外面裹上一层面包糠。

8 放入葱末，炒至葱香味溢出即可。

烹饪秘籍

由于有虾壳，所以在一开始准备的时候，一定要将虾开背，同时腌制的时间需要长一些。

描绘缤纷生活

番茄虾球

时间
40 分钟

难度
中

番茄虾球看着红彤彤、火辣辣的，可一旦走近品尝，带给你的只有春风化雨的抚慰及和煦暖阳的鲜美。

主料 青虾 300 克

辅料 罐头菠萝 80 克 | 青椒 1 个 | 盐 1 茶匙
白酒 2 茶匙 | 鸡粉 1/2 茶匙 | 番茄酱 3 汤匙
白砂糖 1/2 汤匙 | 面粉适量 | 水淀粉适量
油 500 毫升（实耗约 50 毫升）

营养贴士

番茄虾球口味酸酸的，很开胃，此外，番茄中丰富的维生素C及番茄红素，以及虾球中的微量元素，都令其更加深得人心。

做法

准备

1 将青虾去头去壳，取出虾仁，背部切开但是不要切断，用牙签挑去虾线，冲洗干净备用。

2 将虾仁用2克盐、鸡粉、白酒简单抓拌一下，去腥，腌入底味。

3 菠萝切块，青椒去蒂去子，洗净后切成小方片，入锅过油煸至断生盛出。

4 将面粉和适量清水搅匀制成稠糊。

预炸制

5 锅中放油烧至七成热，将虾肉裹上一层薄糊后，下锅炸至金黄，卷曲成一个球，捞出沥油备用。

炒酱汁

6 将番茄酱、剩下的盐、白砂糖加入少许清水搅匀制成调味酱。

7 锅中放入调味酱熬匀，加入水淀粉构成浓稠的芡汁。

混合炒匀

8 倒入虾球、菠萝、青椒，快速兜匀即可。

烹饪秘籍

非常适合给家中的孩子食用，酸甜开胃。但是记着一定要买新鲜的虾。

主料 鲜虾 350 克

辅料 青尖椒 1 个｜红尖椒 2 个｜姜 5 克
蒜 2 瓣｜酱油 1/2 碗｜油适量

烹饪秘籍

鲜虾挑去虾线，洗净后加少许料酒腌制一下，虾肉会更鲜嫩。

做法

准备

1 鲜虾过流水清洗干净，然后开背挑去虾线，沥干水分待用。

2 青尖椒、红尖椒去蒂去子后洗净，并切碎末待用。

3 姜去皮洗净切姜末；蒜剥皮洗净切蒜末。

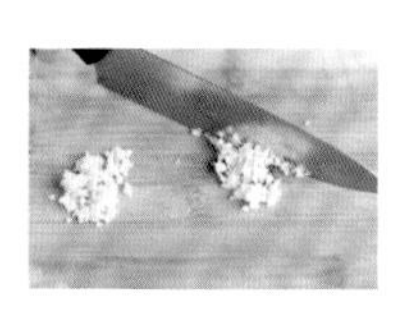

预炸制

4 锅中入适量油烧至八成热。

炒酱汁

5 下沥干水分的鲜虾炸至变色后捞出沥油。

6 锅中留少许底油，下姜末、蒜末、青椒末、红椒末煸至出香味。

7 然后倒入酱油，并加入少许清水熬制2分钟左右关火待用。

调味

8 将炸好的虾装入深盘中，均匀淋上熬制好的酱油汁即可。

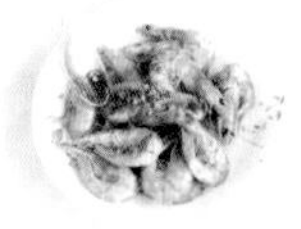

富贵吉祥
元宝虾

时间 5分钟

难度 低

主料 河虾20只

辅料 大蒜5瓣｜大葱1小段｜白胡椒粉1/2茶匙
米酒1汤匙｜盐1茶匙｜油适量

烹饪秘籍
腌制过后的虾要用厨房用纸擦干再入锅炸制；炸制时可以盖上锅盖。

做法

准备

1 河虾仔细清洗干净，沿腹部开一刀，并挑出虾线。

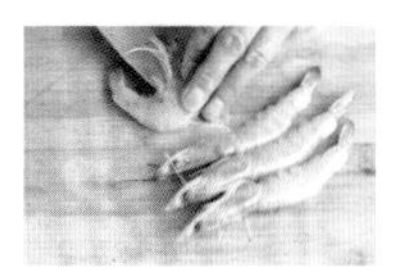

2 河虾加盐、白胡椒粉、米酒拌匀，腌制待用。

3 大蒜去皮洗净，切蒜粒；大葱洗净，先切段，再切成葱丝。

预炸制

4 锅中入适量油烧至六成热，下河虾炸20秒后捞出。

5 继续加热锅中的油至八成热，下入炸制过的虾再炸15秒后捞出沥油。

混合调味

6 锅中留少许底油，下蒜粒，小火慢慢煸至金黄出香味。

7 然后倒入炸制过的河虾，同蒜粒翻炒均匀。

8 最后起锅，装入盘中，放上切好的葱丝即可。

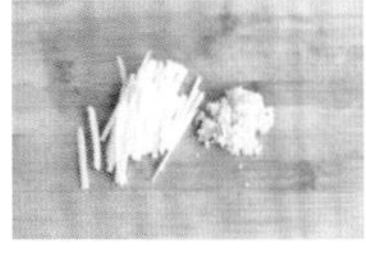

遇见你然后爱上你
糖醋虾球

时间
12分钟

难度
低

糖醋系列菜色，不仅全国各路吃货被它迷得神魂颠倒，就连老外吃过也是念念不忘，酸甜酸甜的口感百吃不腻。

烹饪秘籍

去虾线时，先用刀将虾背开一道口，然后用牙签轻轻挑出虾线即可，简单方便。

主料 鲜虾500克

辅料 姜5克 | 香葱1根 | 白砂糖5茶匙
生抽2茶匙 | 老抽1茶匙
米醋2汤匙 | 料酒1汤匙
白芝麻少许 | 油适量

做法

准备

1 虾去壳，背部划开后去虾线，洗净沥干水分。

2 姜洗净切姜末；香葱洗净切葱粒。

3 锅中烧热油，放入虾仁过油30秒后捞出沥油。

炒虾仁

4 另起一锅烧热油，放入姜末、葱粒爆至香味溢出。

5 然后放入过油后的虾仁，同姜末、葱粒翻炒均匀。

调味

6 调入料酒、生抽、老抽炒至虾仁上色。注意火力不要太猛，以免将生抽、老抽炒煳。

7 再倒入米醋、白砂糖调味，翻炒均匀。

8 最后在出锅前撒入白芝麻炒匀即可。

个性十足饭扫光

酸辣虾

时间 20分钟

难度 低

主料 海白虾 500 克

辅料 姜 10 克 | 蒜 3 瓣 | 香葱 2 根 | 香叶 5 片 | 干辣椒 5 个 | 酱油 1 汤匙 | 香醋 1 汤匙 | 白砂糖 1 茶匙 | 盐 1/3 茶匙 | 油适量

吃过油焖大虾、白灼鲜虾、清炒虾仁，今天来点儿有个性的酸辣虾，酸辣酸辣的酱汁包裹的是炸得酥脆的大虾，再看看这成色，十足的勾人眼球啊……

做法

腌制

1 海白虾洗净去头，背部划开、挑去虾线待用。

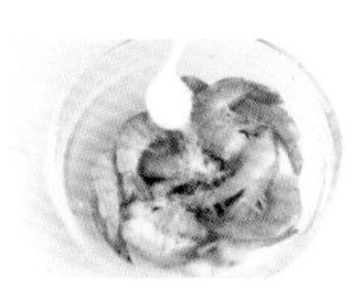

2 将海白虾均匀抹上少许盐腌制10分钟左右。

准备

3 姜去皮洗净切姜丝；蒜去皮洗净，切蒜末；香葱洗净切葱粒。

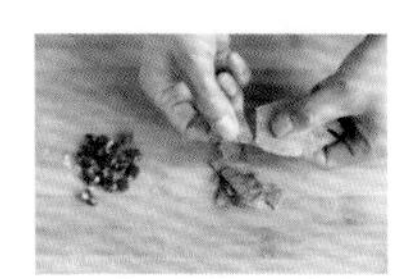

4 香叶、干辣椒洗净，用手掰成小碎块待用。

预炸制

5 炒锅入适量油，烧至八成热，放入腌制好的海白虾，炸至虾壳酥脆后，捞出沥油。

混合调味

6 锅中留少许底油，下姜丝、蒜末、香叶碎、干辣椒碎炒香。

7 再放入炸好的海白虾，加入白砂糖、酱油、香醋翻炒均匀。

8 最后放入切好的葱粒，翻炒均匀后即可出锅。

烹饪秘籍

海白虾洗净后，沿背部剖一道口，腌制时会更加入味，菜品也会更加有型。

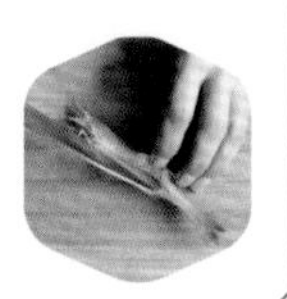

味美柔和

西芹腰果炒虾仁

时间
10 分钟

难度
低

这是高山与大海的相遇，这是青翠与嫣红的团聚，是爽脆与甘甜的体验，一道全心全意为你着想的菜，就是想把你宠坏。

主料 西芹 200 克 | 腰果 30 克 | 青虾 200 克

辅料 红椒碎 15 克 | 盐 1 茶匙 | 鸡精 1/2 茶匙 | 水淀粉适量 | 白糖 1/2 茶匙 | 料酒 1 汤匙 | 油 3 汤匙

营养贴士

这里的食材都是养生的重量级选手，搭配到一起，营养价值更高，西芹降压、利尿，腰果抗氧化、防衰老，虾仁富含人体所需微量元素，实在是一道美味的营养盛宴。

做法

准备

1

将青虾去头去壳，取出虾仁，背部划开一刀，用牙签挑去虾线，冲洗干净备用。

2

将虾仁用2克盐、料酒简单抓拌一下，去腥，腌入底味。

3

西芹洗净，斜切成段备用。切的时候如果角度够斜，那么芹菜的纤维就会很短，口感更佳。

混合炒制

4

锅中放油烧至五成热，将虾仁放入煸炒至周身变色，这时候虾仁刚刚断生。

5

放入腰果，翻炒1分钟左右，让油的热度将腰果中的香气逼出。

6

放入西芹，翻炒均匀。大约1分钟，西芹就可以断生，略炒后就熟了。

调味

7

放入盐、鸡精、白糖调味炒匀，同时放入红椒碎翻炒一下。

8

最后放入水淀粉勾薄芡即可。如果不喜欢的话，也可以不勾芡。

烹饪秘籍

西芹属于外来品种，纤维丰富、茎粗壮，口感比较好。区别于中国本土的香芹，西芹在香气上略逊一筹。

带饭也 OK

西蓝花炒虾仁

时间
30 分钟

难度
中

主料 冷冻虾仁 200 克 | 西蓝花半棵

辅料 油 2 汤匙 | 姜末 3 克 | 盐 1 茶匙
胡椒粉少许 | 料酒 1 汤匙

烹饪秘籍

西蓝花先焯至七成熟再和虾仁同炒，缩短了虾仁的烹饪时间，让虾仁的缩水率减到最小。

做法

准备

1 虾仁自然解冻，冲洗干净，沥干水分。

2 西蓝花分解成小朵，洗净。

焯烫过凉

3 西蓝花放开水锅中焯至七成熟。

4 捞出过凉水，沥干备用。

炝锅

5 炒锅烧热，放2汤匙油，加热至八成热。放姜末爆香。

炒制调味

6 放虾仁翻炒，放盐、胡椒粉炒匀，撒上料酒去腥。

7 放西蓝花炒匀，加盖焖2分钟即可。

诗情画意

莴笋鱿鱼卷

时间 20分钟

难度 中

一经过加热，鱿鱼片就成了可爱的小卷，还把汤汁卷了进去，特别下饭，特别好看。

主料 冰鲜鱿鱼 300 克

辅料 莴笋 100 克 | 泡椒 30 克 | 大蒜 10 克
蚝油、料酒各 20 毫升 | 泡姜 15 克
水淀粉适量

烹饪秘籍

莴笋可以换成黄瓜片，就不用烫了。焯烫鱿鱼可以减少炒制时间，保证口感，二来也能有效减少鱿鱼出水。

做法

准备

1 泡椒、泡姜、大蒜均切片。莴笋洗净，去掉外面的老皮，切片。

2 鱿鱼处理干净，在表面切麦穗花刀，花刀的深度要达到2/3以上，然后改刀成块。

3 把鱿鱼加入料酒腌20分钟。鱿鱼腥气比较重，也可以再加些胡椒粉、姜末去腥。

焯烫

4 汤锅烧开水，先烫下莴笋，捞出备用。这样可以减少莴笋的炒制时间。

5 原汤锅下鱿鱼焯一下水，鱿鱼翻卷后捞出，沥干水分备用。

炒制调味

6 起油锅，油温烧到八成热的时候，将泡椒、泡姜和大蒜片炒香。

7 翻炒出香味时，下焯过水的莴笋和鱿鱼卷，加蚝油调味炒匀。

8 最后，用水淀粉勾芡就可以出锅了。如果喜欢的话，还可以放些白胡椒粉提味。

小心勾魂大法

香辣鱿鱼丝

时间
15 分钟

难度
低

主料 鱿鱼 300 克｜香芹 100 克
胡萝卜 80 克

辅料 蒜末 10 克｜生抽 1 汤匙｜鸡精 1/2 茶匙
辣椒酱 1 汤匙｜油 3 汤匙

烹饪秘籍

去掉鱿鱼内部的筋膜是为了去腥味，也使得颜色好看，如果觉得麻烦，也可省去。

做法

准备

1 将鱿鱼的头部切下，纵剖开，去掉内部的膜，洗净备用。同时烧开一锅水备用。

2 将鱿鱼切成丝，胡萝卜、香芹分别洗净切丝。

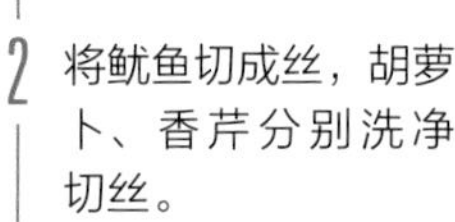

3 将鱿鱼丝放入沸水中汆烫10秒钟，捞出沥干水分。汆烫时间不宜过长。

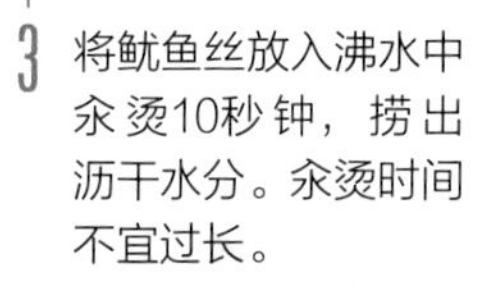

混合炒制

4 锅中放油烧至七成热，爆香蒜末。注意火力不要太大，以免一下子将蒜末炒煳。

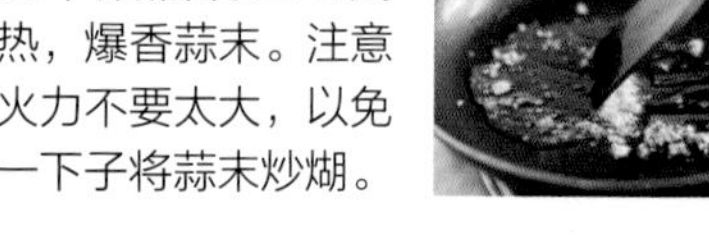

5 将芹菜、胡萝卜放入，炒出香味。

6 保持大火，放入鱿鱼丝，大火爆炒。由于刚才已经汆烫过，所以爆炒的时间要短。

调味

7 加入辣椒酱翻炒均匀，炒出辣椒酱的香气。

8 最后放入鸡精、生抽调味，炒匀出锅即可。

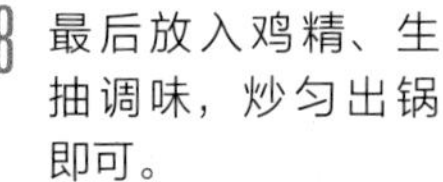

享受田园风光

韭菜鱿鱼须

时间 30 分钟

难度 低

主料 鱿鱼须 400 克 | 韭菜 150 克

辅料 葱、姜各 15 克 | 鸡精 1/2 茶匙 酱油 4 茶匙 | 油 3 汤匙

烹饪秘籍

这道菜还可以加入一小匙的糖，口感会更好一些，或者烹入一些料酒。

做法

准备

1 葱、姜分别切成碎末备用。喜欢吃辣的还可以放点小红尖椒。

2 将韭菜去掉根部的老皮和脏土，去掉老叶，冲洗干净。

3 将韭菜切成7厘米左右长的段备用。

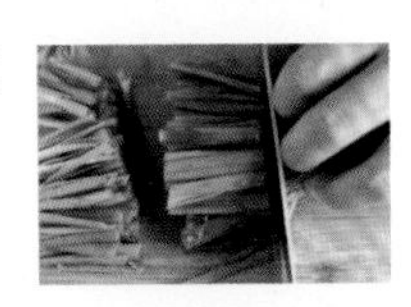

4 将鱿鱼须洗净，相连的部分分切开来，使其每根须都成为独立的一根。

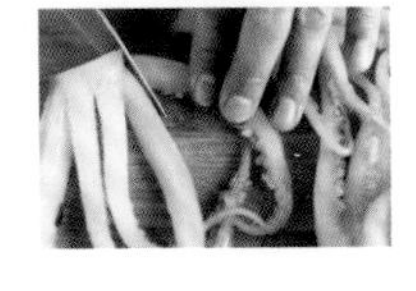

炒鱿鱼

5 锅中放油烧至七成热，将葱末、姜末放入爆香。

6 放入鱿鱼须大火爆炒至卷曲熟透。鱿鱼须熟得很快，卷曲后很快就能熟透了。

混合调味

7 放入韭菜翻炒均匀。韭菜也很好熟，基本上入锅后半分钟之内就可以炒熟。

8 加入鸡精、酱油调味炒匀即可。

用美味报答爱

泡椒墨鱼仔

时间 40分钟

难度 低

主料 墨鱼仔 500 克｜泡辣椒 100 克

辅料 蒜、姜各 5 克｜葱 10 克｜香菜 2 根
料酒 2 茶匙｜干红辣椒 3~5 根
胡椒粉、鸡精、盐各少许
白糖 1/2 茶匙｜油 2 汤匙

烹饪秘籍

烹制墨鱼仔注意掌握火候；泡椒最好选用子弹头泡椒；根据泡椒的咸度掌握用盐量，不能吃辣的可以不放泡椒。

做法

准备

1 墨鱼仔去掉内脏，清洗干净加盐、料酒和姜片腌制大约10分钟。

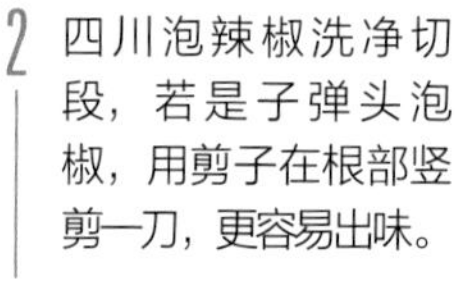

2 四川泡辣椒洗净切段，若是子弹头泡椒，用剪子在根部竖剪一刀，更容易出味。

3 姜、蒜切片，葱切小段，干红辣椒剪成段，香菜洗净切段。

焯烫

4 锅中烧热水，把腌好的墨鱼仔放水中焯一下，捞出沥水。

炒制

5 锅内放入少许油，五成热时，放入切好的葱段、姜片、蒜片、干辣椒段爆香。

6 将泡椒倒入锅中翻炒，再将焯好的墨鱼仔倒入锅中，炒匀。

调味

7 炒锅内加盐、料酒、白糖、胡椒粉、鸡精，炒匀后关火盛出，加香菜点缀即可。

鲜就是存在的理由

蚝油蛏子

时间 10分钟

难度 低

主料 蛏子500克 | 蚝油50毫升

辅料 蒜、姜、葱各5克 | 洋葱1/4个
料酒、白糖各2茶匙 | 干辣椒3根
鸡精、胡椒粉、香葱末各少许
蚝油1汤匙 | 油30毫升

烹饪秘籍

蛏肉味道鲜美，营养丰富，但蛏子最容易存沙子，一定要洗干净。

做法

准备

1 蛏子用清水冲洗干净，可以用刷子刷洗表面，若有泥沙，须放清水中加盐吐净。

2 洋葱洗净切片，葱切段，姜蒜切片，干辣椒剪成段，备用。

3 锅中放清水烧开，加少许料酒，放入蛏子汆烫，捞出沥水。

炒蛏子

4 锅内放油，烧热后，放入切好的葱段、姜片、蒜片、干辣椒段爆香。

5 将切好的洋葱片倒入锅中，大火快炒至洋葱变软后，倒入焯好的蛏子一同翻炒。

调味

6 锅内加入蚝油、白糖、料酒、胡椒粉和鸡精炒匀。

7 锅中倒入少许清水，大火翻炒收汁。水不要加太多，因为蛏子本身也会出水。

8 关火前撒少许香葱末，拌匀后即可。

出尽风头的美味

辣酱爆蛏子

时间
10 分钟

难度
低

主料 蛏子500克｜青尖椒、红尖椒各1个

辅料 蒜、姜、葱各5克｜干辣椒3~5根
花椒粒、香葱末、姜片各少许
剁辣椒酱2茶匙｜料酒2茶匙
生抽1茶匙｜鸡精、胡椒粉各少许
白糖适量｜油30毫升

辣酱爆蛏子，你一定要见识一下它们在锅中天翻地覆的热闹场景。炉上的火苗蹿得老高，黝黑的铁锅烧得滚烫，"哗啦"一声巨响，在蛏子入锅的一刹那，香气扑鼻而来。

做法

准备

1 将蛏子洗净，若有泥沙，需放入清水中，加少许盐，等其将泥沙吐净。

2 青红尖椒洗净，斜切成段，葱姜蒜洗净，切成末，干辣椒剪成段备用。

3 锅中放清水，加少许姜片，冷水中放入蛏子汆烫，水开后捞出沥水。

炝锅

4 锅中放油烧热，下葱姜蒜末、干辣椒和花椒粒爆香。

5 将青红辣椒放入锅中翻炒均匀，这时候香辣的气息会瞬间迸发出来。

炒制调味

6 将焯好的蛏子倒入锅中，继续大火快速翻炒。

7 加入剁辣椒酱、料酒、鸡精、白糖、胡椒粉、生抽炒匀，蛏子烹饪过程中会出一些水，大火收汁。

8 最后出锅前撒少许香葱末，关火盛出即可。

烹饪秘籍

吐好沙的蛏子还要用淡盐水反复搓洗几遍，因为壳上还有脏东西，也要洗净；辣酱的选择可根据自己的喜好，剁辣椒酱、蒜蓉辣酱、韩式辣酱皆可。

为你呼朋引伴

豉汁炒青口

时间
10分钟

难度
低

用豆豉烹饪的菜肴，怎么看都带着浓浓的中式风情，青口贝这样在西餐中广为使用的食材，一旦和豆豉攀上了交情，就像被施了魔法，有了新的出路和美好的结局。

主料 青口贝 500 克 | 青尖椒、红尖椒各 1 个 | 洋葱 1/4 个 | 豆豉 10 克

辅料 蒜 5 克 | 姜 5 克 | 葱 5 克 | 剁椒酱 2 茶匙 | 料酒 2 茶匙 | 生抽 1 茶匙 | 蚝油 1 茶匙 | 淀粉 1 茶匙 | 鸡精少许 | 白糖适量 | 盐少许 | 香油少许 | 油 30 毫升

营养贴士

青口与豆豉相结合，让平时见惯青口贝西式烹饪方法的人，大感意外。青口可以补肝益肾，并且还能预防高血压。过去只有海边的人才能享用的健康美味，今天也搬到了自家餐桌。

做法

准备

1 将青口贝洗净，加入盐和料酒腌制10分钟，料酒也可以换成白葡萄酒。

2 青红尖椒洗净斜切成段，洋葱洗净切成粒，葱姜蒜洗净，切成末备用。

3 锅中加清水和少许姜，将青口贝汆烫焯熟后，捞出用清水冲洗掉残余泥沙，沥水备用。

炒青口贝

4 锅中放油烧热，下葱姜蒜末、洋葱粒、豆豉和剁椒酱爆香。

5 将青尖椒、红尖椒放入锅中翻炒至断生，倒入焯好的青口贝大火翻炒。

调味

6 锅中加1汤匙清水，加入盐、鸡精、白糖、料酒、蚝油、生抽大火炒匀。

7 取一小碗，加淀粉和水对成薄芡，倒入锅中，大火收汁。

8 出锅前淋少许香油即可。

烹饪秘籍

青口又叫贻贝，在北方称作海虹，加工后称作淡菜，是常见的海鲜品种之一，乃补肾佳品；此道菜料酒有去腥的功效，可以多放一些。

吃出碧海蓝天

葱姜炒花蛤

时间
10分钟

难度
低

主料 蛤蜊 500 克

辅料 干红辣椒 5 根 | 大葱 20 克 | 姜 15 克
白酒 1 汤匙 | 盐、鸡精各 1/2 茶匙
油 3 汤匙

烹饪秘籍

这道菜的辅料基本都是去除腥味的，尤其是葱、姜的用量不要吝惜，它们和酒一样，都是去腥的高手。

做法

准备

1 蛤蜊放入清水盆中，加点香油助其吐沙，之后刷洗干净。

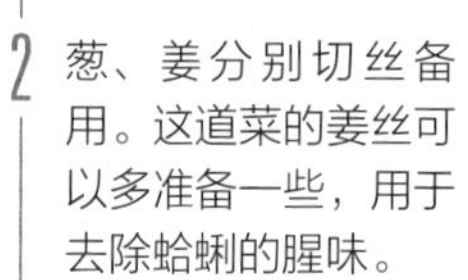

2 葱、姜分别切丝备用。这道菜的姜丝可以多准备一些，用于去除蛤蜊的腥味。

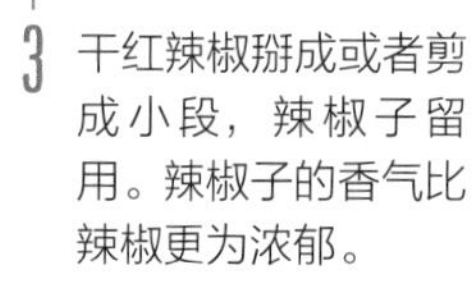

3 干红辣椒掰成或者剪成小段，辣椒子留用。辣椒子的香气比辣椒更为浓郁。

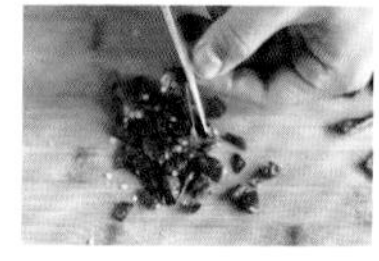

炝锅炒制

4 锅中放油烧至四成热，将辣椒子放入煸至变色，然后放入干红辣椒段煸香。

5 放入葱丝、姜丝炒出香气。

6 放入蛤蜊，大火爆炒。注意火力一定要猛，否则会影响口感。

调味

7 趁着蛤蜊还没有完全张开的时候，烹入白酒，快速颠翻，去除腥气。

8 看到蛤蜊盖全部打开之后，放入盐、鸡精调味，炒匀即可。

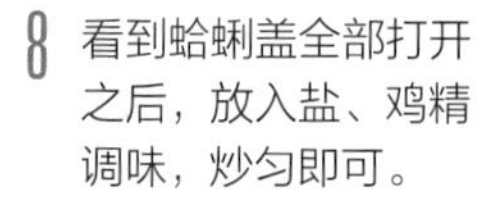

尝过方知味浓

酒香烩蛤蜊

时间 10 分钟

难度 低

主料 蛤蜊 500 克 | 白葡萄酒 3 汤匙
洋葱 50 克

辅料 蒜 5 瓣 | 香葱 10 克 | 干辣椒 3 根
盐少许 | 油 30 毫升

烹饪秘籍

用白葡萄酒是这个菜的关键，能去海鲜的腥，增加肉质的鲜美口感。

做法

准备

1 蛤蜊放入清水中，加一小勺盐，浸泡三四个小时，等其将泥沙吐净。

2 洋葱洗净切丝，蒜瓣用刀背拍一下，香葱切碎，干辣椒剪成段，备用。

3 锅中放少许油（最好是橄榄油），烧到五成热时，放入蒜瓣和干辣椒爆香。

混合炒制

4 将切好的洋葱倒入锅中，翻炒至软。否则会有比较重的生洋葱味，味道不佳。

5 加入蛤蜊大火翻炒，直至蛤蜊熟透，刚才的洋葱，也能够帮蛤蜊去除腥气。

收汁调味

6 锅内加入少许盐（一定要少，如果想吃鲜味，也可不加）和1汤匙清水。

7 加入白葡萄酒，盖上盖子焖5分钟左右。待汤汁基本收干，蛤蜊张口以后关火。

8 出锅前，撒少许香葱碎拌匀即可。

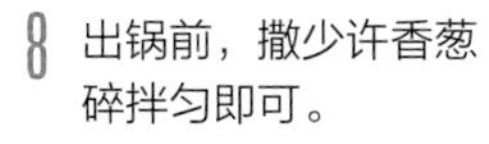

将美味进行到底

蒜粒烧牛蛙

时间 20 分钟

难度 中

主料 牛蛙 5 只

辅料 大蒜 2 头 | 生姜 10 克 | 花椒粒 1 小把
八角 4 颗 | 干红椒 5 个 | 料酒 1 汤匙
生抽 2 茶匙 | 五香粉 1 茶匙
白胡椒粉 1/2 茶匙 | 盐 1 茶匙 | 油适量

烹饪秘籍

最好买宰杀好并扒去皮的牛蛙，这样回家就可以省掉很多功夫了；牛蛙肉质很嫩，所以烹制时间不宜太长，但务必烹制熟透。

做法

腌制

1 牛蛙仔细清洗干净，斩大小适中的块。

2 斩好的牛蛙加料酒、生抽、少许盐拌匀腌制待用。

准备

3 大蒜剥皮洗净，沥干水分；生姜洗净，去皮切细丝。

4 干红椒去蒂洗净，切1厘米长段；花椒粒、八角洗净待用。

炒制

5 炒锅入适量油烧至六成热，放入姜丝、花椒粒、八角、干红椒段爆出香味。

6 放入蒜瓣煸炒至表面金黄，再放入腌制后的牛蛙块，翻炒均匀。

收汁调味

7 倒入适量水焖煮10分钟左右，然后大火收干汤汁。

8 最后加五香粉、白胡椒粉、盐调味即可。

4
Chapter

鸡蛋豆腐来助阵

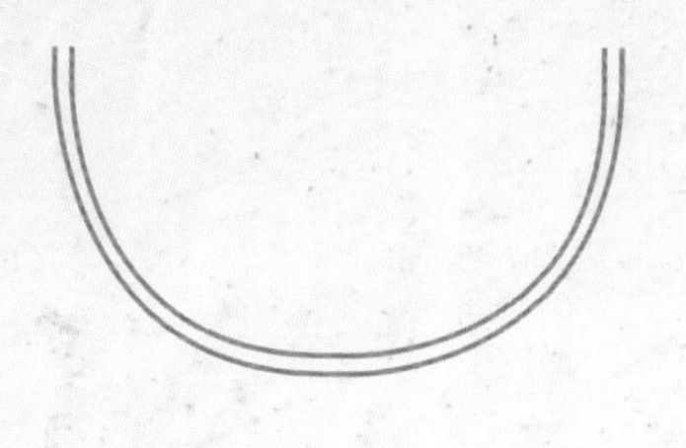

难以抵挡

杭椒炒香干

时间 10分钟

难度 低

主料 香干 200 克 | 杭椒 100 克

辅料 大蒜 4 瓣 | 酱油 1 汤匙
鸡精 1/2 茶匙 | 油 3 汤匙

烹饪秘籍

如果怕杭椒太多过辣，可以减少杭椒的用量，加入一些青椒或者彩椒。

做法

准备

1 将香干切成粗条，粗细大约在5毫米，比杭椒细一些就可以。

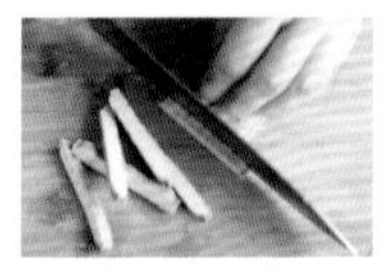

2 杭椒洗净，去蒂去子，切成长段或粗丝。

3 将蒜放在案板上，用刀压松，去掉外皮。

4 将大蒜瓣剁碎，或者用压蒜器压成蒜蓉。

炒制

5 锅中放油烧至五成热，将蒜末放入爆香。

6 先放入香干和1茶匙酱油大火煸香，直至香干条有些微焦。

混合调味

7 然后放入杭椒炒熟。需要不到1分钟的时间就可以了。

8 最后放入剩下的酱油、鸡精，炒至入味即可。

芹菜炒豆干

洗尽铅华

时间 10分钟

难度 低

主料 水芹菜 200 克 | 豆干 200 克

辅料 葱 5 克 | 姜 5 克 | 干红辣椒 5 克
鸡精 1/2 茶匙 | 盐 1/2 茶匙
油 2 汤匙

烹饪秘籍

芹菜分为西芹、水芹等，一般大棵的芹菜纹理较粗，需要去掉老筋。如果觉得麻烦，可以选择水芹，水芹较嫩，直接洗净切段就可以炒制了。

做法

准备

1 水芹菜去叶洗净，切段。如果是西芹，需要从根部掰开一点，顺着纹理撕去老筋后斜切成片。

2 豆干切片。豆制品一定要看清保质期。

3 葱洗净、切葱花；姜洗净、切片。干红辣椒对半切开，辣椒子可以一起入锅。

炒制

4 锅中放油烧至七成热，下入葱、姜、干红辣椒爆香。

5 下入芹菜，大火翻炒，将芹菜翻炒至变软。

混合调味

6 下入豆干翻炒2分钟。如果想让豆干口感味道更佳，也可以先将豆干煸炒半分钟，再炒芹菜。

7 最后调入盐、鸡精炒匀即可。

和春天相约

韭菜炒香干

时间 10分钟

难度 低

韭菜是提香的能手，香干本身的味道非常香醇、厚重，而韭菜恰恰就是将这份略显“低调”的味道，毫不犹豫地从厨房散出去，吹到餐桌旁，诱惑每一个人。

烹饪秘籍

没有红椒，不放也可以。韭菜很容易就熟了，所以最后下锅，切记不要炒得时间过长，以免影响韭菜的香气，稍稍加入一点胡椒粉会别有一番风味。

主料 韭菜 150 克 | 香干 200 克

辅料 盐、鸡精各 1/2 茶匙 | 酱油 1 汤匙
红彩椒 1/2 个 | 油 3 汤匙

做法

准备

1 将韭菜去掉根部的老皮和脏土，去掉老叶，冲洗干净。切成7厘米左右长的段备用。

2 香干先切成5毫米左右厚的厚片，然后再切成3~5毫米的粗条。

3 红彩椒洗净后，切长丝备用。

混合炒制

4 锅中放油烧至五成热，将香干放入，大火煸炒15秒左右。加入1茶匙酱油。

5 放入红椒丝，中大火力炒至微微变软断生。

调味

6 加入盐、鸡精，大火翻炒均匀，让食材裹匀味道。

7 最后放入韭菜炒熟，加剩余酱油炒匀调味即可。

主料 快菜 350 克 | 香干 100 克
辅料 花椒粒 10 克 | 盐、鸡精各 1/2 茶匙
酱油 2 茶匙 | 油 3 汤匙

自由带来的快感

椒香香干快菜

时间 10 分钟　难度 低

做法

准备

1 将快菜先用清水浸泡一下，去掉农药残留，然后择洗干净，切成小片备用。

2 香干切片备用。注意香干属于豆制品，一定要保证在保质期以内，制熟后方可食用。

制花椒油

3 锅中放油烧至四成热，放入花椒粒，慢火煸出椒香。

4 用漏网将炸过的花椒捞出，留下带着椒香味的油。

炒制调味

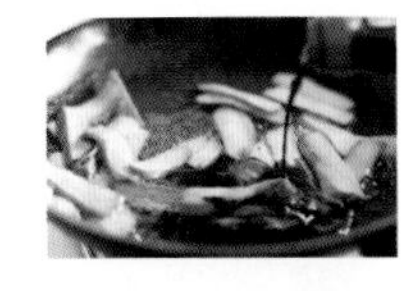

5 放入香干大火煸炒十几秒。然后放入酱油，将香干煸炒至微微发干出香味。

6 放入快菜大火翻炒均匀，火力要大，炒制时间最好控制在1分钟以内。

7 菜基本软熟后，加入盐、鸡精调味炒匀，盛出即可。

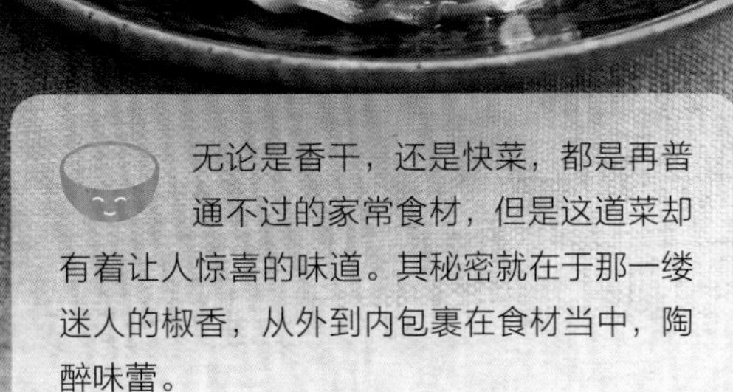

无论是香干，还是快菜，都是再普通不过的家常食材，但是这道菜却有着让人惊喜的味道。其秘密就在于那一缕迷人的椒香，从外到内包裹在食材当中，陶醉味蕾。

烹饪秘籍

快菜的味道微苦，可在烹饪时加入少许白糖。现在也有市售的瓶装花椒油售卖，用起来方便又美味，还省去了捞花椒的麻烦。

滑嫩疯狂来袭

三鲜豆腐

时间 20分钟　难度 中

豆腐是中华美食中传承了数千年的伟大发明。人们从豆腐中慢慢挖掘出包容万千味道的特性。这道菜，就吸收了三鲜辅料的鲜美，同时自身的香嫩也得到了升华。

主料 豆腐 250 克 | 虾仁 100 克 | 香菇 50 克 | 木耳 30 克

辅料 香葱粒 10 克 | 葱花 5 克 | 蒜片 5 克 | 鸡汁 15 克 | 酱油、料酒各 2 茶匙 | 胡椒粉、盐各 1/2 茶匙 | 油 3 汤匙

做法

准备

1 虾仁挑去虾线后洗净，加入料酒、胡椒粉抓匀，腌制一会儿。

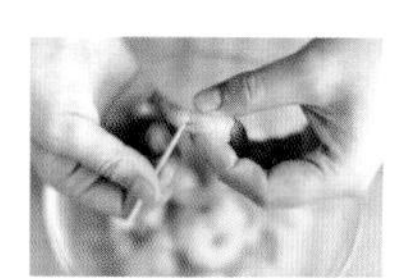

2 木耳泡发、洗净、择小朵；香菇去蒂、切条；豆腐切块，放入淡盐水中浸泡。

3 锅中放入清水烧沸，下入豆腐煮3分钟，捞出，浸入冷水。

混合炒制

4 锅中放油烧至五成热，下入虾仁滑散变色后，盛出。

5 锅中再放油烧至七成热，爆香葱蒜，下入香菇、木耳翻炒1分钟。

6 调入鸡汁及没过食材的清水煮沸，下豆腐小火炖煮5分钟。

调味

7 待汤汁渐干时，下入虾仁，调入酱油炒匀。最后撒入香葱粒炒匀即可。

烹饪秘籍

如果用干香菇，可以把干香菇洗净后泡发，然后把泡香菇的水倒入进行炖煮，这样口感会更加鲜美。

主料　嫩豆腐 400 克 | 咸蛋黄 4 个
辅料　香葱 10 克 | 姜 5 克 | 鸡汁 20 克
胡椒粉 1/2 茶匙 | 盐 1/2 茶匙
水淀粉适量 | 油 2 汤匙

明朗少女养成记
蟹黄豆腐

时间 20 分钟
难度 低

做法

准备

1 豆腐洗净、切2.5厘米见方的块，泡在淡盐水中备用。

2 香葱洗净、切粒；姜洗净、切片。

3 咸蛋黄放入煮开水的蒸锅中蒸制3分钟，取出后碾压成泥。

炒制

4 锅中放油烧至七成热，下入姜片爆香。

5 将姜片推至锅边，下入蛋黄泥炒至出泡。

收汁调味

6 调入鸡汁、胡椒粉及大约300毫升清水煮沸。

7 下入豆腐炖煮约7分钟，改小火，淋入水淀粉推匀。最后撒入香葱粒拌匀即可。

蟹黄豆腐是一道江南名菜，不仅在于它的味道中融合了蟹黄与豆腐的双重鲜美，更在于它完美诠释了江南美食的柔美与婉约。

烹饪秘籍

盒装嫩豆腐在取出时可将封面塑纸撕下，连盒一起倒扣在盘中，在盒子的任一角划开一个口子，轻晃几下盒身，豆腐就很容易自行滑出了。

麻与辣的绝配

麻婆豆腐

时间 12分钟

难度 中

麻、辣、烫、香、酥、嫩、鲜、活，陈家铺子的八字箴言就是对这道菜最好的诠释。

主料 南豆腐 1 块｜牛肉末 50 克（瘦肉为主）
辅料 青蒜叶碎 15 克
麻椒 10 克（用擀面杖碾成碎末）
豆豉 15 克（剁细）｜郫县豆瓣酱 2 汤匙
盐适量｜姜末、蒜末各 8 克
酱油 2 茶匙｜白砂糖 1 茶匙
水淀粉 50 克｜油 4 汤匙

营养贴士

豆腐是人们对于大豆中的植物蛋白的最好利用方式，这样的蛋白质非常容易被人体吸收。同时，豆腐中的钙质对牙齿、骨骼的生长都有非常大的帮助，能够预防骨质疏松。

做法

准备

1 将豆腐盒底部剪开一个小口，然后将正面的膜去掉，倒扣在盘中即可将整块豆腐轻松取出。

2 准备一盆淡盐水煮沸，将豆腐切成1.5厘米见方的小块，放入淡盐水中煮滚后捞出，浸入冷水备用。

预炒制

3 锅中放入大约1汤匙油，将牛肉末放入，小火煸炒，直至将其中的水分煸干后再盛出备用。

炒制酱汁

4 锅中再放余油烧至五成热，放入郫县豆瓣酱，将其煸炒出红油，同时能闻到浓郁的香气。

5 然后放入姜末、蒜末、剁细的豆豉。

6 加入大约2汤匙清水、酱油和白砂糖煮滚。

混合调味

7 放入豆腐、牛肉末，旺火烧煮1分钟，为了避免煳底，中间适度旋动锅身。

8 取一半水淀粉勾芡，继续旋动锅身烧煮大约1分钟，再放入剩下的水淀粉，撒上事先碾碎的麻椒碎末、青蒜叶碎即可。

烹饪秘籍

北豆腐太老，琼脂豆腐太嫩，南豆腐最好；用麻椒碎来调麻味，而非花椒粒，否则影响口感；豆腐比较容易出水，前后两次勾芡可以让菜品的汤汁更为浓厚。

民以食为天

东坡豆腐

时间 20分钟　难度 低

这道东坡豆腐依旧保留了浓香微甜的味道，柔美中带着醇厚，令人唇齿留香。

主料 北豆腐 300 克

辅料 五花肉 100 克 | 香菇 50 克 | 玉兰片 50 克 | 葱 5 克 | 蒜 5 克 | 白糖 1/2 茶匙 | 蚝油 15 克 | 料酒 3 茶匙 | 鸡精 1/2 茶匙 | 淀粉适量 | 油 500 毫升（实耗 30 毫升）

做法

准备

1 豆腐洗净、切大块；香菇去蒂、洗净、切片；玉兰片洗净、切片。

2 葱洗净、切葱花；蒜去皮、切片。

3 五花肉洗净、切片，用料酒抓匀，稍微腌制一会儿，去掉一些肉腥味。

4 锅中放油烧至六成热，将豆腐拍上干淀粉，下入油锅炸至表面金黄，捞出沥油。

混合炒制

5 锅中留底油烧至七成热，爆香葱蒜，下入五花肉片炒至出油。

6 下入香菇、玉兰片炒匀，烹入料酒，翻炒1分钟。

收汁调味

7 下入豆腐，调入白糖、蚝油炒匀，下入大约150毫升清水煮沸，再收干汤汁。

8 最后调入鸡精炒匀即可出锅装盘。

烹饪秘籍

豆腐在炒制时容易碎掉，除了用勺背推和转锅的方式烹饪，在炒制前也可将切好的豆腐放入淡盐水中浸泡一会儿，这样在炒制过程中就不易碎掉了。

主料 猪血 200 克 | 北豆腐 200 克
辅料 青蒜 30 克 | 干红辣椒、姜、蒜各 5 克
料酒 2 茶匙 | 白胡椒粉、鸡精各 1/2 茶匙
盐 1 茶匙 | 油 2 汤匙

老夫老妻
猪血炒老豆腐

时间 10 分钟
难度 低

做法

准备

1 猪血、北豆腐分别洗净，切适口小块，放入淡盐水中浸泡。

2 青蒜洗净，去根、切小段；干红辣椒切段；姜洗净、切片；蒜去皮、切片。

3 锅中放入清水煮沸，下入猪血、北豆腐煮5分钟捞出。

混合炒制

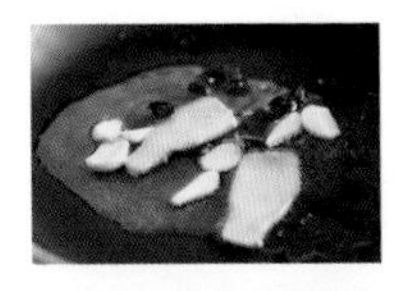

4 炒锅放油烧至六成热，下入姜、蒜、干红辣椒爆香。

5 下入猪血、豆腐翻炒均匀，烹入料酒炒匀。

收汁调味

6 下入白胡椒粉、盐炒匀。白胡椒粉不仅可以提香，而且可以去除部分异味。

7 加入大约200毫升清水大火煮开，改小火炖煮10分钟，至汤汁收干。

8 调入鸡精，下入青蒜炒匀即可。

一红一白，经典的色泽搭配带来经典的味觉体验，无须太多的修饰，简单才会造就经典。你需要做的只是准备好餐具和胃口，向经典再一次致敬。

烹饪秘籍

如果没有青蒜，也可用韭菜代替，并在最后酌情添加一些黑胡椒，味道会更加别致。

端午节的神话也在其中

朱砂豆腐

时间 20分钟

难度 中

主料 老豆腐300克 | 熟咸鸭蛋3只

辅料 油2汤匙 | 生抽1汤匙 | 盐少许 料酒1汤匙 | 淀粉1茶匙

朱砂和金沙一样，也是咸鸭蛋黄的美名。因在炒制过程中加了酱油调色，颜色更显朱红而得名，江苏高邮有端午节吃朱砂豆腐的习俗。咸鸭蛋蛋白过咸，可以把生咸鸭蛋的蛋白打散和鸡蛋一起炒；熟咸鸭蛋的蛋白可以碾碎用来烧豆腐等。

做法

准备

1 分开熟咸鸭蛋的蛋白和蛋黄，蛋白切成碎丁，蛋黄压碎。

2 老豆腐用纱布包裹，压碎，挤去多余水分。

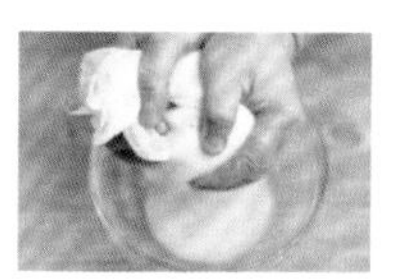

炒制豆腐

3 炒锅放油，烧至八成热，下豆腐泥炒散。

4 放咸蛋白丁反复煸炒，至豆腐泥干松焦香，与蛋白丁不分彼此。

混合调味

5 放入咸鸭蛋黄碎，炒出香味。

6 放少许盐调味，淋料酒增香。

7 淀粉加少许水、1汤匙生抽调开，慢慢倒入锅中，勾芡即可。

烹饪秘籍

① 豆腐含水量大，因此要先炒豆腐，再放蛋黄。

② 咸鸭蛋有足够咸味，先和豆腐炒入味，再加盐就不会过咸。

③ 可以不勾芡，出锅前加一把香葱末。

主料 老豆腐 300 克 | 酱瓜 10 克 | 酱姜 10 克 | 虾米 10 克 | 葱花 20 克

辅料 油 2 汤匙 | 盐少许 | 料酒 1 汤匙

盲拳打败老师傅
炒豆腐松

时间 30 分钟

难度 中

一般做豆腐，就怕动作稍重，碰散了豆腐，炒豆腐松则是乱炒都有理，越是炒得散碎越好，味道充分融合。

做法

准备

1 虾米用料酒泡发。

2 老豆腐切去边皮，切成几大块。放盐水锅里焯透，去除豆腥味。

3 捞出沥干，用刀背压碎。

混合炒制

4 炒锅加油烧热，放豆腐碎炒开，炒至干香松散，色泽金黄。

5 酱瓜切细丝、酱姜切细丝，放入锅中炒匀，虾米连同料酒一同倒入。

调味

6 炒出香味后，加1勺油再炒，炒至油亮。

7 如不够味，可加少许盐。最后加入葱花翻匀即可。

烹饪秘籍

酱瓜、酱姜、虾米均有咸味，炒入味尝过之后看是否需要再加盐。

老豆腐也叫北豆腐，含水量少，容易炒干。

食得菜根，则百事可为

冻豆腐烧塌菜

时间 20分钟

难度 中

塌菜又叫塌棵菜，叶子深绿，营养素远超浅色蔬菜，膳食纤维也更丰富。

烹饪秘籍

豆腐冷冻后再解冻，形成蜂窝组织，可以吸收更多的汤汁，味道鲜美。

主料 老豆腐300克｜塌菜200克｜虾米10粒

辅料 油1汤匙｜姜2片｜盐1茶匙｜胡椒粉少许｜料酒1汤匙

做法

准备

1. 老豆腐放入冰箱冷冻室。第二天常温下自然解冻。切成骨牌大小，放开水锅中焯烫，挤干水，备用。

2. 虾米用料酒泡5分钟。

3. 塌菜去根，去老叶、黄叶，洗净，长叶切短。

制作汤底

4. 炒锅内烧热油，爆香姜片。

5. 放虾米和料酒爆香，加250毫升清水煮开。

混合调味

6. 放冻豆腐烧开，加盐和胡椒粉调味。

7. 放塌菜烧3~5分钟至软糯入味即可。

主料 西蓝花 200 克 | 油豆腐 200 克
辅料 胡萝卜 50 克 | 葱、姜、蒜各 5 克
鸡精 1/2 茶匙 | 盐 1 茶匙 | 香油少许
油 2 茶匙

鲜香百老汇

西蓝花油豆腐

时间 10 分钟

难度 低

油润香美的油豆腐，丝毫没有油腻感，配合清雅的西蓝花，脆嫩与香嫩的结合，更带来了亮丽的色泽。

做法

准备

1 西蓝花择成小朵、洗净，放入盐水中焯烫1分钟，捞出。

2 油豆腐对半切开；胡萝卜洗净、去皮、切片；葱洗净、切葱花；姜洗净、切片；蒜去皮、切片。

混合炒制

3 锅中放入油烧至五成热，下入葱、姜、蒜爆香。

4 下入胡萝卜片煸炒片刻，由于水溶性营养素的缘故，此时的油会变成橙黄色。

5 再下入油豆腐翻炒1分钟，将其炒匀炒透。

收汁调味

6 下入西蓝花炒匀。如果西蓝花的朵比较大，可以稍微加一点点水，盖盖焖一会儿。

7 调入剩余的盐、鸡精炒匀。最后淋入香油炒匀即可。

烹饪秘籍

西蓝花也可以换成菜花，焯烫之后立即过冷水，这样加工后的蔬菜颜色鲜亮，口感爽脆。在焯烫的汤中加入一些鸡汁，口感会更加鲜美。

素食姐妹淘

尖椒木耳炒豆腐丝

时间 12分钟　难度 低

这道菜吃起来香辣脆嫩兼备，真的让舌头有点忙不过来，不知道该先享受谁更好一些。配上一碗香喷喷的大米饭，别提多幸福了！

主料 青尖椒200克｜豆腐丝200克｜木耳50克

辅料 葱花5克｜蒜末5克｜酱油2茶匙｜鸡精1/2茶匙｜油2汤匙

做法

准备

1 木耳泡发、洗净后择小朵；豆腐丝切段。

2 青尖椒洗净、去蒂去筋、切丝备用。

混合炒制

3 锅中放油烧至五成热，下入葱、蒜爆香。

4 下入青尖椒，大火翻炒1分钟左右，让青尖椒去掉生涩的味道。

5 下入豆腐丝、木耳炒匀，并且要将两种食材炒熟、炒透。

调味

6 调入酱油翻炒均匀，不用再放多余的盐，以免味道过咸。

7 最后，调入鸡精炒匀即可。

烹饪秘籍

一般豆腐丝都有咸味，最好先品尝一下再酌情考虑酱油和盐的用量。可加入一些胡萝卜丝，不仅更好看也更美味。胡萝卜一定要用油煸炒过才会更有营养。

主料　鲜香菇 8 朵 | 豆腐皮 200 克
辅料　青蒜 40 克 | 葱 5 克 | 姜 5 克
酱油 1 汤匙 | 鸡精 1/2 茶匙 | 香油少许
油 3 汤匙

偏爱人间烟火

菇香腐皮

时间 15 分钟

难度 低

香菇的鲜美无可替代，又被富有咬劲的腐皮所融合，成就了独一无二的滋味。另外，也不要小看这里面的青蒜，第一个被嗅觉捕捉的，一定是它的味道。

做法

准备

1 香菇洗净去蒂，切成宽5毫米左右的粗条；豆腐皮洗净，切成宽度近似的条。

2 葱洗净、切葱花；姜洗净、切片；青蒜洗净，切成5厘米左右的长段。

3 锅中放入清水煮沸，下入豆腐皮烫煮一下捞出沥水。

炒制

4 锅中放油烧至七成热，下入葱花、姜片爆香。

5 下入豆腐皮大火煸炒，放入5毫升酱油略调味。

6 豆腐皮炒出香味，且有些微干的时候，放入香菇炒至香菇变软、熟透。

混合调味

7 调入酱油、鸡精翻炒均匀。最后放入青蒜，大火翻炒几秒钟，淋香油出锅即可。

烹饪秘籍

豆腐皮如果不用水煮，可用油炸的方式进行预处理，这样做出的豆腐皮会更有嚼劲。

野趣十足

腐竹炒木耳

时间
12 分钟

难度
低

主料 腐竹 150 克 | 木耳 100 克
五花肉 100 克

辅料 葱花、姜片、蒜片、干红辣椒各 5 克
料酒 3 茶匙 | 酱油 3 茶匙 | 鸡精 1/2 茶匙
盐 1/2 茶匙 | 水淀粉适量 | 油 2 汤匙

烹饪秘籍

清洗木耳时，可以撒少许盐搓洗，可让木耳更加干净、黑亮。

做法

准备

1 五花肉洗净、切片，加入盐、料酒抓匀，腌制。

2 腐竹掰成段，放入清水中泡发；木耳泡发，择成小朵，可以加少许盐再搓洗，冲洗干净。

混合炒制

3 锅中放油烧至六成热，下入葱、姜、蒜、干红辣椒爆香。

4 下入五花肉中火煸炒至出油。

5 下入腐竹、木耳翻炒均匀。

收汁调味

6 调入酱油炒匀，加入少许清水焖煮一下。

7 调入鸡精炒匀，用水淀粉勾薄芡，炒匀即可。

滑软的不只是口感

鸡蛋炒豆腐

时间
10 分钟

难度
低

主料 豆腐 500 克 | 鸡蛋 2 个

辅料 盐、鸡精各 1/2 茶匙
酱油 2 茶匙 | 葱末少许
油 3 汤匙

烹饪秘籍

可事先把豆腐捣碎再下锅；放入鸡蛋液后，炒的时间不要太长。鸡蛋可以在下锅前加入盐搅匀，然后迅速下锅，以免蛋液稀释。

做法

准备

1 把鸡蛋磕在碗中。

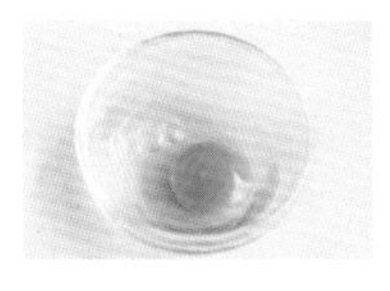

2 加1克盐打匀待用。

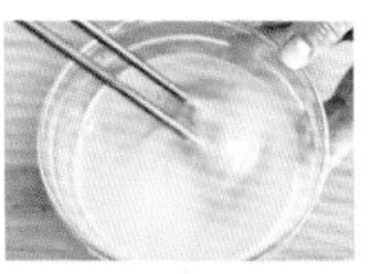

3 豆腐切成大块。使用北方的老豆腐，口感更佳。

混合炒制

4 锅中放油烧至五成热，将葱末放入爆香。

5 放豆腐翻炒几下，注意动作不要太大，让豆腐稍微碎一些就可以。

6 再把鸡蛋液倒入锅中，适度旋动锅身，让蛋液流经每一块豆腐的缝隙。

7 大火加热，直至鸡蛋凝固熟透。

调味

8 加入盐、鸡精和酱油，翻炒片刻即可出锅。

辣到忘情

尖辣椒炒鸡蛋

时间 10分钟

难度 低

尖辣椒的辛辣气息，在经过热油旺火的炮制后，更加喷香诱人，被松软的鸡蛋包容，更是妩媚动人。一股股幽幽袭来的辛辣香气，挑逗着你毫不犹豫地将这一盘菜吃光！

主料 青尖椒1个 | 鸡蛋2个

辅料 盐2克 | 酱油1茶匙 | 油4汤匙 小苏打少许

做法

准备

1 将青尖椒去蒂、对半纵剖开，去子，洗净。

2 将青尖椒斜刀切成长丝备用。

炒蛋液

3 加入1/2勺小苏打，将鸡蛋打散成蛋液。

4 加入盐充分搅打均匀。静置一会儿之后，蛋液的颜色微微变深。

5 锅中放2汤匙油烧至八成热，将蛋液倒入拨散，炒至凝固后盛出备用。

混合炒制

6 锅中重新放2汤匙油，将青尖椒放入大火爆炒，至香辣气息出现。

7 烹入酱油，调味炒匀。加入鸡蛋，翻炒均匀即可。

烹饪秘籍

可在此菜中加入少许红色的彩椒一同煸炒，色泽会更好看。如果偏爱辣口，可加入适量豉油辣椒做底味。

都是理想主义者
鸡蛋炒木耳

主料 鸡蛋3个 | 干木耳10克

辅料 盐适量 | 鸡精1/2茶匙 | 酱油2茶匙
香葱粒8克 | 油4汤匙

这两种食材虽然是“大撞色”，但是味道搭配起来却出奇的好。木耳虽然味道很清淡，但是在香嫩松软的鸡蛋搭配下，竟也美味了许多。同时，这道菜又是如此简单，你怎能不亲自试一试？

做法

准备

1 将干木耳用水泡发，择洗干净老根，并拆成小朵。

2 将木耳上抹适量盐搓一下，然后将木耳冲洗干净，沥干水分备用。

炒制鸡蛋

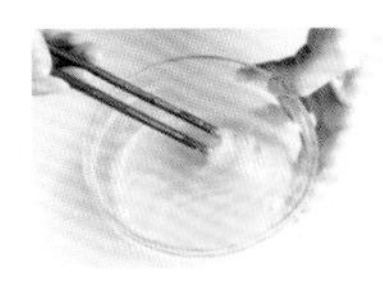

3 将鸡蛋打散成蛋液备用，搅打得越充分，蛋的口感就越好。

4 锅中放油烧至八成热，将鸡蛋放入，迅速炒散至凝固且松软。

混合调味

5 放入木耳，大火翻炒30秒左右。

6 加入鸡精、酱油，调味炒匀。加入调味料后不要炒太长时间，以免味道都被鸡蛋吸收了，造成过咸。

7 撒上香葱粒即可。

烹饪秘籍

鸡蛋在搅散之后不宜加盐，因为加了盐的鸡蛋很容易被稀释，烹饪不出松软的口感。如果怕鸡蛋腥则可加入少许料酒，但用量不宜过多，以免夺走了鸡蛋的香味。

细细品味这幸福

金针菇炒鸡蛋

时间
10分钟

难度
低

主料 鸡蛋2个 | 金针菇200克

辅料 红彩椒30克 | 香葱10克
蒜5克 | 鸡精1/2茶匙
盐1/2茶匙 | 油4汤匙

烹饪秘籍

炒出松软可口的鸡蛋的窍门是用旺火热油进行烹炒，油可适当多放一些，并反复转匀锅边，待油温较热，有明显油烟冒出时再下入蛋液滑炒。

做法

准备

1 鸡蛋打散，备用；金针菇去根、洗净、切段。

2 红彩椒洗净、切小块；香葱洗净、切粒；蒜去皮、切片。

预炒制

3 锅中放适量油烧至七成热，下入鸡蛋液滑散，炒匀成蛋花，盛出。

炒制

4 锅中再次放油烧至六成热，下入蒜片爆香。

5 下入金针菇翻炒大约1分钟至断生。

6 下入红彩椒煸炒，直至红彩椒断生。

调味

7 下入鸡蛋炒匀，调入鸡精、盐炒匀。最后撒入香葱粒炒匀即可。

妙不可言

韭菜薹炒鸡蛋

时间 8分钟

难度 低

主料 韭菜薹300克 | 鸡蛋2个
虾皮适量

辅料 酱油1汤匙 | 油50毫升
盐少许

烹饪秘籍

轻轻掰一下靠根部的地方就能判断韭菜薹嫩不嫩了，能轻易掰断的是较嫩的，掰起来比较费劲的则较老。

做法

准备

1 将韭菜薹洗去外面的泥尘，全部择好后清洗干净。

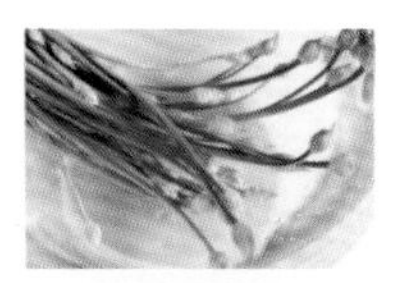

2 把韭菜薹切成3~4厘米长的段，如果根部有点老，可以丢弃。

炒制鸡蛋

3 鸡蛋打散后，加少许盐，再滴入2滴油，搅打均匀。

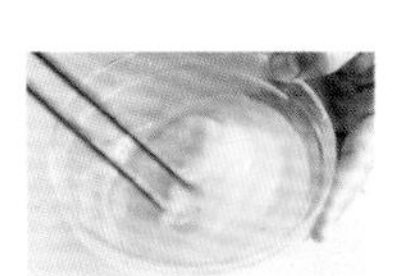

4 炒锅入油烧热后，将蛋液迅速拨散。转为中小火，待鸡蛋凝固后关火，盛出。

混合调味

5 锅中放少许油，放入虾皮炒香。注意火力不要太大。

6 倒入韭菜薹大火翻炒。韭菜薹很容易熟，所以炒的时间要短，速度要快。

7 锅中加入酱油，翻炒至韭菜薹变色。

8 倒入已炒好的鸡蛋，继续翻炒半分钟左右，即可关火盛出。

俏色生香

金沙蚕豆瓣

时间 20分钟

难度 中

金沙是指炒香、炒熟至翻沙的咸鸭蛋的蛋黄。翻炒之后的咸鸭蛋黄质细如金沙，香气浓郁，颜色金黄，用来做菜，咸香可口，色泽诱人。用金沙来炒新鲜蚕豆，蚕豆的翠绿更衬出金沙的质感。

主料 新鲜蚕豆瓣 150 克 | 咸蛋黄 2 个

辅料 油 2 汤匙 | 盐少许

做法

准备

1 剥好的蚕豆瓣用开水焯至八成熟，取出，过凉水，滤干，备用。

2 咸鸭蛋只取黄，用勺子压碎。

炒制调味

3 炒锅加油，冷锅冷油下蛋黄，小火炒成细沙。

4 放入蚕豆瓣、盐慢炒，炒至每一粒豆瓣上都均匀裹上了蛋黄沙即可。

烹饪秘籍

如果咸蛋黄不够咸，可以加少许盐。

蔬菜不能少

集万千宠爱于一身

彩椒西蓝花

时间 15 分钟

难度 低

主料 红彩椒 1 个 | 黄彩椒 1 个 | 西蓝花 250 克

辅料 盐、鸡精各 1/2 茶匙 | 生抽 2 茶匙 | 蒜末 10 克 | 油 3 汤匙

烹饪秘籍

焯西蓝花时可以加入一点盐和油，这样能让蔬菜更加鲜亮翠绿。随后过冷水也是让蔬菜更加脆爽的诀窍。

做法

准备

1 将红彩椒去蒂，对半切开后，去子洗净，切成方片。

2 将黄彩椒也切成大小相仿的方片。

焯烫

3 将西蓝花洗净后，去掉老根，切成小朵。同时准备一锅沸水。

4 将西蓝花放入沸水中汆烫1分钟后，捞出，浸入凉水中，然后沥干水分。

炒制

5 锅中放油烧至五成热，将蒜末放入爆香。

6 倒入生抽，将蒜末炒出更浓的香气，注意此时火力不要太大。

7 放入红彩椒、黄彩椒，大火煸炒1~2分钟至断生。

混合调味

8 放入西蓝花，加入盐、鸡精调味炒匀即可。

番茄菜花

别具一格好滋味

时间 20分钟

难度 低

主料 菜花 300 克 | 番茄 1 个

辅料 番茄酱 2 汤匙
盐、鸡精各 1/2 茶匙
白糖 1 茶匙 | 香葱粒少许
油 3 汤匙

烹饪秘籍

菜花也可选择有机散菜花，口感较脆，即使烹饪时间稍长也没有关系。但这种菜花的根部较粗壮，其实将菜根削去外皮，切成条一起炒制，味道也很好。

做法

准备焯烫

1 将菜花洗净，去掉老根后，切成适口的小朵。同时烧开一锅水备用。

2 将番茄洗净后，顶部的皮上划开十字，放入沸水中烫一下后捞出，去掉外皮，切块。

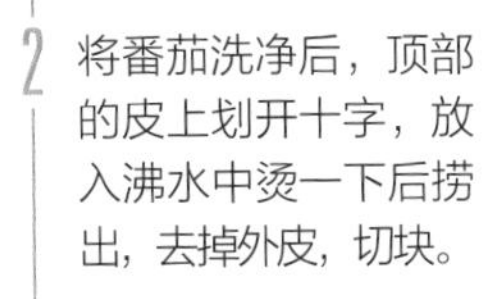

3 将菜花放入沸水中汆烫2~3分钟，捞出沥干水分备用。

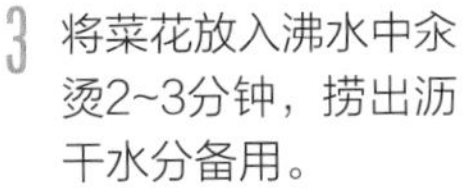

炒制

4 锅中放油烧至五成热，将番茄块放入煸炒至变软。

5 加入番茄酱炒匀。番茄酱有助于提升番茄的酸爽味道，可根据口味喜好调整用量。

混合调味

6 将菜花放入炒匀，如果喜欢番茄绵软近乎酱的状态，可以多熬一会儿，反之则可缩短点时间。

7 加入盐、鸡精、白糖搅匀调味。最后撒上香葱粒做装饰即可。

红与绿的辩证法
番茄西葫芦

时间 12 分钟

难度 低

主料 番茄 1 个 | 西葫芦 1 个

辅料 蒜末 10 克 | 番茄酱 2 汤匙
盐、鸡精各 1/2 茶匙
白糖 1/2 茶匙 | 油 3 汤匙

烹饪秘籍

如果没有番茄酱，可多用两个番茄直接炒制，待番茄变软后加入糖和盐也能帮助番茄尽快出汤。西葫芦如果选用的是较嫩的品种，不去子也是可以的。

做法

准备

1 将番茄洗净，顶部的皮上划十字，放入沸水中烫一下后去掉外皮，切块备用。

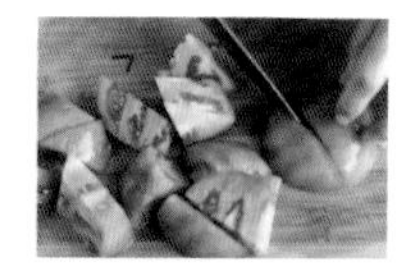

2 西葫芦纵切开，去心去子、去皮洗净。

3 将西葫芦先纵切几刀，然后切成扇形小片。片的厚度在2~3毫米就可以。

炒制

4 锅中放油烧至五成热，将蒜末放入爆香。

5 放入番茄，煸炒至变软，呈半糊状。

6 加入番茄酱炒匀。

混合调味

7 加入西葫芦片炒匀。

8 最后加入盐、鸡精、白糖调味炒匀即可。

黄莺枝上啼

虾米炒西葫芦

时间 10分钟

难度 低

主料 西葫芦 300 克 | 虾米 30 克

辅料 香葱粒、姜末、蒜末各 5 克
生抽 1 茶匙 | 料酒 1 茶匙
干红辣椒段 5 克 | 盐 1/2 茶匙
鸡精 1/2 茶匙 | 油 20 毫升

烹饪秘籍

虾米要先清洗一道，既可以去除盐分，也可以洗掉表面可能残留的沙子，但不要长时间在水中浸泡。

做法

准备焯烫

1 西葫芦洗净，纵向对半剖开。

2 再放在案板上切成半圆形片。

3 虾米清水洗净后，控干水分备用。

炒制

4 锅里放油烧至五成热，放入香葱粒、姜末、蒜末和辣椒段，爆香。

5 将切好的西葫芦片倒入锅中炒匀。

混合调味

6 再将虾米倒入锅中一同大火翻炒。

7 加入盐、鸡精、生抽、料酒、鸡精，炒至西葫芦片变软，开始出汤即可。

黑与白最般配
炒黑白菜

时间
10 分钟

难度
低

主料 大白菜 300 克 | 干木耳 10 克
辅料 盐 1/2 茶匙 | 鸡精 1/2 茶匙
水淀粉 2 汤匙 | 油 3 汤匙

烹饪秘籍

木耳用温水泡发比冷水会更快一些。木耳中秋耳的口味最好，不仅色黑肉厚，吃起来更有嚼劲，而且基本没有大根，省去了去根择小朵的步骤。

做法

准备

1. 干木耳用清水泡发。可以用温水，来加速泡发。

2. 大白菜洗净，将叶子整片拿下来，平放在案板上。

3. 将大白菜斜刀切成大片。这样能够让白菜的筋更短，更适口。

4. 泡发的干木耳用清水充分冲洗干净，然后分成小朵。

混合炒制

5. 锅中放油烧至六成热，将木耳放入，大火煸炒1 分钟。

6. 放入大白菜，中小火翻炒均匀，盖上锅盖焖一下，直至白菜微微变软。

调味

7. 放入盐和鸡精调味炒匀。可以加入少许白砂糖增味。

8. 最后放入水淀粉勾芡即可。芡汁不需要很厚，薄薄一层即可。

剔透好味道

醋熘白菜

时间 15 分钟

难度 低

主料 大白菜 500 克

辅料 盐 1/2 茶匙 | 酱油 1 汤匙 | 香醋 2 汤匙
白砂糖 1/2 茶匙 | 鸡精 2 克
水淀粉 2 汤匙 | 油 2 汤匙

烹饪秘籍

可以将白菜直刀切成细丝烹炒，但要相应减少一些烹饪时间，以免白菜过烂。喜吃辣味则可以加入一两个干红辣椒。

做法

准备

1 如果是整棵的大白菜，需要将大白菜去掉老根。

2 将大白菜在清水中略加浸泡，然后用自来水冲洗干净。

3 叶片逐层剥开，平放在案板上。

4 将大白菜斜刀切成大片。刀的角度尽量斜一些，可以让大白菜的筋更短，更适口。

制调味汁

5 将酱油、香醋、白砂糖、鸡精、水淀粉调匀，制成醋熘调味汁。

炒制调味

6 锅中放油烧至六成热，将大白菜放入，大火煸炒。放入盐，炒至白菜基本熟软。

7 淋入事先制作好的醋熘调味汁，翻炒均匀，至芡汁浓郁并裹匀白菜即可。

把爱统统吞下去

菇香土豆条

时间 15分钟

难度 低

主料 土豆 300 克 | 香菇 100 克

辅料 郫县豆瓣酱 20 克 | 香葱粒 10 克 | 蒜片 5 克
酱油 2 茶匙 | 鸡精 1/2 茶匙
油 500 毫升（实耗约 30 毫升）

烹饪秘籍

可以加入一些洋葱一起炒，味道更诱人。洋葱切开后可立即放入淡盐水中浸泡，这样可以减少对眼睛的刺激。

做法

准备

1 土豆洗净、切粗条，放入清水中漂洗几次；香菇去蒂、洗净，切粗条。

预制

2 锅中放油烧至六成热，下入土豆条炸至金黄，捞出沥油。

3 另起一锅放入清水煮沸，下入香菇条烫煮2分钟，捞出沥水。

混合炒制

4 炒锅留底油，烧至七成热，下入蒜片爆香，下入郫县豆瓣酱炒出香味。

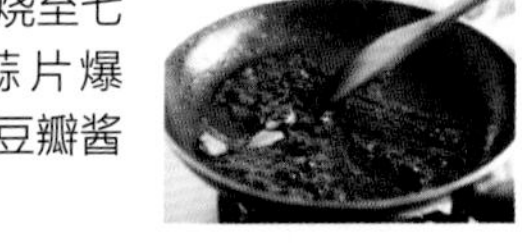

5 下入土豆条、香菇条，大火翻炒。

调味

6 调入酱油、鸡精炒匀。

7 最后撒入香葱粒炒匀即可。

风与暖阳在歌唱

培根炒土豆泥

时间 25分钟

难度 中

主料 土豆400克 | 培根50克

辅料 香葱10克 | 鸡精1/2茶匙
盐1/2茶匙 | 油2汤匙

烹饪秘籍

选择沙瓤的土豆，采用水煮或蒸制的方式都可以。土豆在压泥过程中如果过干，可添加一些清水或者牛奶。

做法

准备

1 土豆洗净、去皮、切厚片。

2 香葱洗净，去掉根，先切成两三个长段，再并拢，切成香葱粒。

制土豆泥

3 将土豆煮至软熟，或中火蒸制10分钟。

4 将土豆片取出，放入碗中，碾压成泥，直至里面找不到大的颗粒。

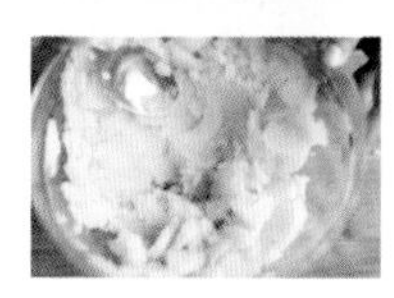

炒制培根

5 培根是土豆的最佳味觉搭档，将其切成丁备用。

6 炒锅放油烧至六成热，下入香葱粒炒出香味，下入培根丁炒熟。

混合调味

7 下入土豆泥，分次加入少许清水，翻炒成糊状。

8 调入鸡精、盐，炒匀即可出锅。

特立独行

老干妈炒苦瓜

时间 10 分钟

难度 低

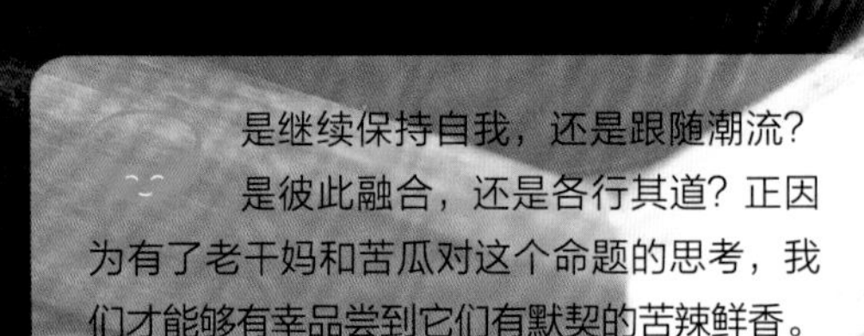

是继续保持自我，还是跟随潮流？是彼此融合，还是各行其道？正因为有了老干妈和苦瓜对这个命题的思考，我们才能够有幸品尝到它们有默契的苦辣鲜香。

主料 苦瓜 200 克 | 老干妈酱 3 茶匙

辅料 香葱 5 克 | 姜 5 克 | 大蒜 2 瓣 | 料酒 1 茶匙 | 白砂糖 1 茶匙 | 盐 1/2 茶匙 | 鸡精 1/2 茶匙 | 胡椒粉 1/2 茶匙 | 油 20 毫升

做法

准备

1 苦瓜洗净，纵向对半剖开，去掉中间的瓤备用。

2 平放在案板上切成半圆形片。

3 锅中烧热水，下苦瓜片汆烫2分钟后，捞出过凉水后控干水分。

4 把葱、姜、蒜洗净后，切成末，备用。

炒制

5 锅里放油烧至五成热，放入葱末、姜末、蒜末，爆香。

6 将焯好的苦瓜放入锅中大火炒匀。

调味

7 将老干妈酱放入锅中翻炒。

8 加入料酒、白砂糖、盐、鸡精、胡椒粉，翻炒均匀后关火盛出。

烹饪秘籍

苦瓜用热水焯一下，是为了减轻苦味，如果能够接受它的苦味，则可以省略此步骤，不必焯水。

豆豉凉瓜

清新又欲罢不能

时间 10分钟

难度 低

主料 凉瓜 300 克 | 彩椒 50 克 | 豆豉 20 克

辅料 蒜 10 克 | 酱油 1 茶匙 | 鸡精 1/2 茶匙 | 盐适量 | 油适量

烹饪秘籍

如果喜欢吃肉，也可在里面加入一些肉丝，正好能和性味较凉的凉瓜中和一下。如果遇到个头较大、肉质较厚的凉瓜，也可片成马蹄片，这样烧制会更加入味。

做法

准备

1 凉瓜洗净，纵向剖开，去子，切长段。

2 彩椒去蒂去子，洗净、切片。

3 蒜拍松，去掉外皮后切片，或者碎末。

4 凉瓜段用盐抓匀，静置一会儿后洗净。

炒制

5 锅中放油烧至五成热，下入蒜片、豆豉煸香。

6 下入凉瓜，大火快炒，直到煸炒至断生。

混合炒制

7 加入少许清水煮沸，再收干汤汁，下入彩椒炒匀。

8 调入酱油、鸡精炒匀即可。

将温暖环绕

青蒜烧萝卜

时间 12分钟

难度 低

主料 白萝卜500克 | 青蒜80克
辅料 鸡精1/2茶匙 | 红烧酱油2汤匙
五香粉1克 | 油3汤匙

烹饪秘籍

青蒜也可用蒜薹代替，将蒜薹切成细碎的小粒，用油煸一下会更香。如果不用油煸则最好早些加入到锅中，多翻炒几下，以免蒜薹太生，味道呛过萝卜的香味。

做法

准备

1 将白萝卜去皮，冲洗干净。先切成大段，然后从中间纵剖一刀，一分为二。

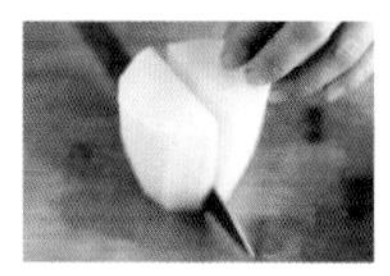

2 然后切成滚刀块。

3 青蒜洗净，斜刀切成寸段备用。

炒制调味

4 锅中放油烧至七成热，将白萝卜放入煸炒。

5 充分将萝卜炒透，看到边缘有些半透明的时候，放入鸡精、红烧酱油。

6 加入200~300毫升清水、五香粉，大火煮开。

收汁混合

7 中途注意翻动几次，防止煳锅，直至将汤汁收干。

8 出锅前，将青蒜放入，快速翻匀即可。

无边光景满庭芳

清炒南瓜丝

时间
10分钟

难度
低

主料 南瓜 400 克
辅料 葱、蒜各 8 克
盐、鸡精、白糖各 1/2 茶匙
香油 1 茶匙 | 油 3 汤匙

烹饪秘籍

这类菜式一定要注意猛火快炒，炒得慢了不仅蔬菜会出汤，影响口味，同时南瓜也会变得不够脆爽甜美了。

做法

准备

1 将南瓜洗净，刮去表面薄薄的一层皮。

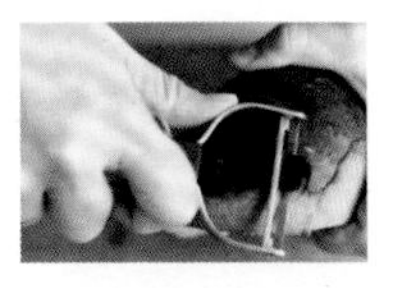

2 将南瓜去瓤去子，冲洗干净。

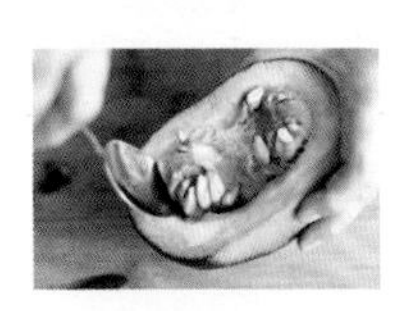

3 葱、蒜分别切末。

4 将南瓜切成片后，再切成细丝，粗细大约 3 毫米就可以。

炒制

5 锅中放油烧至五成热，将葱末、蒜末放入爆香。

6 放入南瓜丝大火爆炒 1分钟左右，翻炒速度越快越好。

调味

7 加入盐、鸡精、白糖调味炒匀。

8 出锅前淋入香油即可。

随心所欲的自在

什锦藕丁

时间
10分钟

难度
低

主料 莲藕 150 克 | 干木耳 8 克 | 青椒 1 个
胡萝卜 100 克 | 鲜香菇 4 朵
火腿肠 50 克

辅料 葱末、姜末、蒜末各 8 克
盐、鸡精各 1/2 茶匙 | 白糖 1 茶匙
生抽 2 茶匙 | 香油 1 茶匙 | 油 4 汤匙

藕的甘香美味，这次有了更多的拥趸者，每种食材都让这道菜更加增色增味——当然，最让人留恋的，还是藕的爽脆和清香，慢慢回味，还有一丝微甜，实在美妙。

做法

准备

1 将干木耳用水泡发，择洗干净老根，并拆成小朵。

2 青椒去蒂，剖开后去掉青椒子，洗净，然后切成小方片。

3 将莲藕、胡萝卜分别去皮洗净，切成1.5厘米左右见方的小丁。莲藕丁放入清水中充分漂洗几次。

4 另将鲜香菇洗净去蒂，也切成小丁。火腿肠也切成大小相仿的丁。

混合炒制

5 锅中放油烧至五成热，将葱末、姜末、蒜末放入爆香。

6 放入鲜香菇和胡萝卜，大火翻炒2分钟左右。这时候香菇会变得软一些。

7 放入莲藕、木耳、火腿肠、青椒翻炒均匀，至原料熟透。

调味

8 放入盐、鸡精、白糖、生抽、香油，调味炒匀即可。

烹饪秘籍

莲藕切开后很容易发生氧化变黑的情况，影响品相。其实只要将切好的莲藕放入清水中浸泡，并倒入几滴白醋，这样莲藕就不会氧化变黑了。这个方法对山药等食材一样有效果。

浑然天成

番茄炒山药

时间
10 分钟

难度
低

洁白的山药有着香糯的口感，被红润的番茄包裹着，加上了一丝鲜亮，也增加了一抹酸甜。好味道，往往就是这样简单的搭配！

烹饪秘籍

山药中的黏液如果沾到皮肤上会很痒，建议在清洗山药时戴上手套。如果山药的黏液不小心沾到皮肤上也不用着急，只要涂上一层醋，一会儿就会不痒了，再用清水洗净就行了。

主料 番茄 1 个 | 山药 300 克

辅料 葱 5 克 | 姜 5 克 | 白糖 1 茶匙 | 鸡精 1/2 茶匙 | 盐 1/2 茶匙 | 香油少许 | 油 2 汤匙

做法

准备

1 将番茄先洗净，然后顶部划开十字小口，放入开水中，再捞出冲一下，去掉外皮。

2 番茄先对半切开，去蒂后，切小块备用。

3 山药去皮洗净，切成片。葱、姜洗净，切末备用。

炒制

4 锅里放油烧至五成热，爆香葱、姜。

5 倒入山药片，翻炒大约1分钟，炒至约八成熟。

混合调味

6 放入番茄块，继续翻炒，直到番茄炒出汤汁。

7 放入盐、白糖和鸡精进行调味。如果喜欢甜口，可以多放点糖，如果喜欢番茄味道可以加些番茄酱。最后淋少许香油即可。

主料 玉米笋 400 克

辅料 蒜 5 克 | 鸡汁 20 克 | 鸡精 1/2 茶匙 | 盐 1/2 茶匙 | 香油少许 | 油 2 汤匙

春意盎然

清炒玉米笋

时间 10 分钟

难度 低

玉米笋的那股鲜嫩，让人都不忍心把它下锅。好在这道菜并没有浓墨重彩地调味，还是保留了玉米笋的鲜嫩清甜，吃起来十分爽口。

做法

准备

1 玉米笋放在清水中浸泡一下，然后充分冲洗干净。

2 蒜去皮、切片。如果蒜的皮不容易去掉，也可以先将其拍松，然后再去皮就容易了。

焯烫

3 锅中放入清水煮沸，下入鸡汁调匀制成简易高汤。

4 下入玉米笋煮开。

5 保持汤汁在微滚的状态下，转中小火力，盖上锅盖焖煮2分钟，捞出沥水。

炒制调味

6 锅中油烧至七成热，爆香蒜片，下入玉米笋翻炒1分钟。

7 调入盐、鸡精炒匀。最后淋入少许香油炒匀即可。

烹饪秘籍

给蒜去皮也不必都用刀拍，可以将剪去根部的蒜，放在清水里泡一会儿，然后拿出来在手里搓一搓，皮就掉了，而且一次能弄一大堆，擦干后装在保鲜盒里放入冰箱保存，很省事。

岁月静好

葱油嫩笋木耳

时间
10分钟

难度
低

主料 干木耳 10 克 | 笋尖 150 克
大葱 30 克

辅料 盐适量 | 鸡精 1/2 茶匙
酱油 2 茶匙 | 油 4 汤匙

烹饪秘籍

熬制葱油时注意一定不要用大火，以免葱变煳，影响整体味道。如果怕油温过高，可以将锅拿起，距离火焰有一段距离，这样就可以控制油温不会太高了。

做法

准备

1 将干木耳用水泡发，择洗干净老根，并拆成小朵。

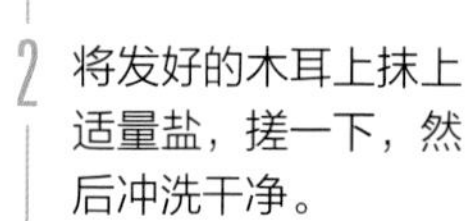

2 将发好的木耳上抹上适量盐，搓一下，然后冲洗干净。

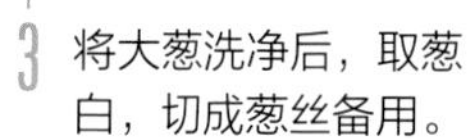

3 将大葱洗净后，取葱白，切成葱丝备用。

混合炒制

4 锅中放油烧至四成热，将葱丝放入，中小火煸香。

5 提升油温至七成热，将笋尖放入，大火煸炒。

6 然后放入木耳大火炒匀。

调味

7 加入2克盐和鸡精、酱油调味。

8 大火翻炒均匀，至食材熟透即可。

肉片炒冬笋

浓郁饱满，唇齿留香

时间 15分钟　难度 低

主料 冬笋400克｜猪梅肉100克

辅料 干木耳5克｜盐1茶匙
鸡汁2茶匙｜料酒1汤匙
生抽2茶匙｜香葱段15克
油2汤匙

烹饪秘籍

猪梅肉可先用小苏打腌制一会儿，然后洗净再加作料腌制，这样能使炒熟的肉更加鲜嫩。也可换成五花肉或者里脊肉。

做法

准备

1 将干木耳用水泡发，择洗干净老根，并拆成小朵。

2 将猪梅肉洗净切成片，加入2克盐和料酒搅匀，腌制去腥。

3 准备一锅开水，将冬笋去掉外皮后，切成大片。

4 将冬笋片放入锅中焯烫2~3分钟，至水再次滚沸后捞出沥干。

混合炒制

5 锅中放油烧至五成热，将肉片放入，大火煸炒至变色断生。

6 放入冬笋片和木耳，翻炒均匀。火力无须太大。

调味

7 加入盐、鸡汁、生抽炒匀调味。用中小火多炒一小会儿。

8 最后撒入香葱段即可。

尽展素雅之美

长豆角炒茄子

时间
15 分钟

难度
低

主料 豇豆 300 克 | 长茄子 200 克

辅料 葱花 5 克 | 姜片 10 克 | 蒜片 10 克
红米椒段 10 克 | 酱油 2 茶匙
鸡精 1/2 茶匙 | 盐 1/2 茶匙
油 500 毫升（实耗 30 毫升）

烹饪秘籍

长茄子含水分较多，如果炸的时间过长很容易使茄子内部炸干。想解决这个问题，可在茄子炸制前拍上少许干淀粉，这样炸出的茄子就会外焦里嫩了。

做法

准备

1 豇豆洗净、去掉头尾两端，切7厘米左右长段。

2 长茄子洗净、去蒂、切条。也可以用圆茄子替代。

预制

3 锅中放油烧至六成热，放入豇豆炸至表面微焦后捞出沥油。

4 保持油温，继续放入茄子炸制表面微焦。

炒制调味

5 捞出茄子，锅中留底油烧至六成热，下入葱、姜、蒜、红米椒爆香。

6 下入豇豆、茄子大火炒匀。

7 调入酱油、鸡精、盐炒匀即可。

完美的邂逅

肉末烧茄子

时间 20 分钟

难度 低

主料 长茄子 2 根 | 肉末 60 克

辅料 葱花 15 克 | 姜末 8 克 | 蒜末 10 克 | 鸡精 1/2 茶匙 | 生抽 2 汤匙 | 老抽 2 茶匙 | 白糖 1 茶匙 | 料酒 1 汤匙 | 油 500 毫升（实耗约 45 毫升）

烹饪秘籍

也可选择圆茄子，但圆茄子的皮较厚，可将茄皮去除再烹饪。圆茄子肉质较厚，可切成马蹄块，会更易入味，而且烹饪时间要适当增加。

做法

准备

1 肉末用1汤匙生抽和料酒搅匀，去腥备用。

2 将长茄子洗净，去蒂，不必去皮，先切成5厘米左右的长段，再切成粗条。

预炒制

3 锅中放油烧至四成热，将茄子条放入炸至变软、边缘微微发黄的时候，捞出沥油。

混合炒制

4 锅中留下少许油，提升油温至六成热，将葱花、姜末、蒜末爆香。

5 放入肉末，大火煸炒至变色断生，并勤加翻炒，使其尽量散开。

6 将茄子放入，加入生抽、老抽、鸡精、白糖，调味炒匀。

收汁调味

7 加入200毫升左右的清水，大火煮开。至汤汁收干即可出锅。

别有一番滋味
鱼香紫菜薹

时间
20分钟

难度
中

主料 紫菜薹300克｜香菇5朵｜泡红辣椒5根

辅料 油2汤匙｜蒜2瓣｜生抽1茶匙
白砂糖1茶匙｜醋1茶匙
郫县豆瓣酱1茶匙｜淀粉1茶匙

烹饪秘籍

紫菜薹不可久炒，断生即可。郫县豆瓣、泡辣椒均有咸味，芡汁里又有生抽，菜里不必再放盐。

做法

准备

1 香菇用温水泡发，剪去蒂，挤干水，切成粗丝，备用。

2 紫菜薹剥去下半部分老硬外皮，洗净，切段。

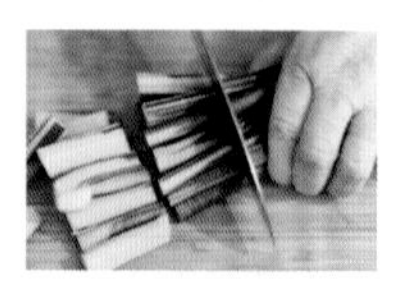

3 泡红辣椒去蒂、去子，切成末、蒜拍扁，切成碎末。

预炒制

4 炒锅放油，下香菇丝慢火炒香，捞出。

混合炒制

5 原锅余油放蒜末、泡红辣椒末、郫县豆瓣酱炒香。

6 下紫菜薹炒软，下香菇翻炒均匀。

调味

7 取一小碗，放醋、生抽、白砂糖、淀粉、香菇水调匀。淋入锅中，翻匀即可。

豆家半天下

榄菜黄豆芽炒肉末

时间 30分钟

难度 中

主料 黄豆芽200克 | 油豆腐10个 | 瓶装橄榄菜1汤勺 | 肉末50克

辅料 油1汤匙 | 盐1/2茶匙 | 酱油1汤匙 | 糖少许 | 料酒1汤匙 | 淀粉1茶匙

烹饪秘籍

油豆腐对半切开，更易入味。

做法

准备

1 黄豆芽去根，洗净，沥干。

2 肉末加盐、酱油、料酒、淀粉拌匀。

3 油豆腐略冲洗，对半切开。

预炒制

4 炒锅放油，加热至八成热，下肉末炒熟盛出。

混合炒制

5 原锅余油，放橄榄菜慢火爆香。

6 下黄豆芽翻炒，略下盐，炒至黄豆芽微软。

7 下肉末和油豆腐翻匀。

调味

8 加少量糖提味即成。

松软可口堪称绝配

鸡蛋炒丝瓜

时间 8分钟

难度 低

这里的鸡蛋是香、是嫩、是膨松的；这里的丝瓜是鲜、是滑、是软绵的，二者在口感上相似却各有千秋，但反正都是好吃的，吃到最后用里面的汤汁拌拌饭，那真是绝了。

主料 鸡蛋2个｜丝瓜2根

辅料 姜5克｜蒜5瓣｜香葱2根
蚝油2茶匙｜鸡精1/2茶匙
盐1茶匙｜油适量

做法

准备

1. 丝瓜去皮洗净切滚刀块；放入清水中待用。

2. 鸡蛋打入碗中，加少许清水搅打均匀。

3. 姜洗净切姜末；蒜去皮洗净切蒜末。

4. 香葱去掉根须部分，洗净后切葱粒待用。

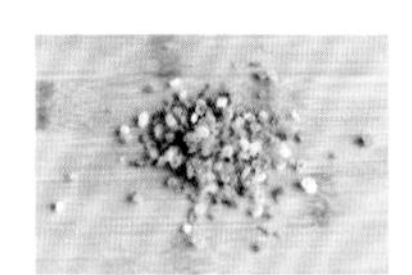

炒制鸡蛋

5. 锅中倒入适量油烧至六成热，倒入蛋液。

6. 待蛋液完全凝固后用锅铲划成小块蛋花，然后盛出待用。

混合调味

7. 锅中再倒入适量油烧热，爆香姜末、蒜末；放入丝瓜翻炒至熟透。

8. 再倒入炒好的蛋花，调入蚝油、鸡精、盐翻炒均匀，撒上葱粒即可。

烹饪秘籍

切好的丝瓜要放入清水中浸泡，以防止氧化变黑。

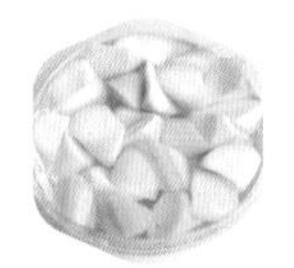

主料 荠菜 200 克 | 五香豆腐干 2 块

辅料 香葱 5 克 | 姜 5 克 | 大蒜三四瓣
白胡椒粉 1/2 茶匙 | 盐 1/2 茶匙
鸡精 1/2 茶匙 | 油 15 毫升

春天的芭蕾
荠菜干丝

时间 10 分钟
难度 低

从前为填饱肚子吃荠菜的日子早就一去不复返了，今天吃荠菜更像是种生活的调剂，每一次吃它都充满仪式感。当荠菜与干丝相遇，唯有翩翩起舞来欢庆这场艳遇，才能表达此刻喜悦的心情。

做法

准备

1 荠菜仔细择掉老叶，在清水中浸泡20分钟，清洗干净后，控水备用。

2 五香豆腐干切成5毫米左右的丝。

3 葱、姜、蒜洗净后，切成末，备用。

炒制

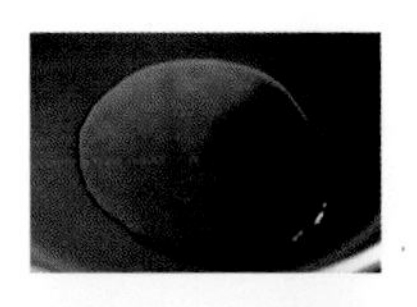

4 锅里放油烧至五成热，也就是油面微有青烟，油从四周向中间翻动。

5 烧热的油锅放入葱末、姜末、蒜末爆香。

6 将切好的豆腐干丝倒入锅中炒匀。

混合调味

7 再将荠菜倒入锅中一同大火翻炒3分钟。

8 在锅中加入白胡椒粉、盐、鸡精，炒匀后关火即可盛出。

烹饪秘籍

如何看油温？一般来说，温油为三四成热，也就是90℃至130℃，油面比较平静；五成热时，油温130℃至170℃，油面微有青烟，油从四周向中间翻动；七成热时，170℃至230℃，油面有大量青烟冒出，用炒勺搅动，会发出声响。

舌尖上的鲜嫩
清炒鸡毛菜

时间 8分钟　难度 低

主料 鸡毛菜 500 克

辅料 大蒜 2 瓣 | 干辣椒 3 个 | 鸡精 1/2 茶匙
盐 1/2 茶匙 | 油适量

鸡毛菜，多么土气随便的名字啊，可偏偏有那么多人爱它，有的甚至几近痴迷，想来都是贪图那一抹翠绿和那一口鲜嫩吧。

做法

准备

1 鸡毛菜仔细择洗干净，沥干多余水分待用。

2 大蒜剥皮洗净，用刀背拍扁然后切蒜末待用。

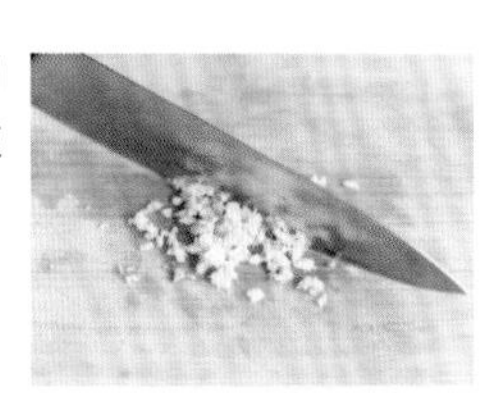

3 干辣椒洗净切1厘米左右长的小段待用。

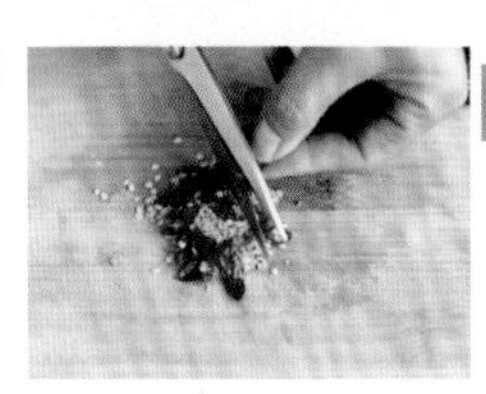

炒制

4 炒锅内倒入适量油烧至七成热，放入蒜末、干辣椒段爆出香味。

5 然后放入洗净的鸡毛菜，大火快速翻炒。

调味

6 大约1分钟后，鸡毛菜比较易熟，此时鸡毛菜的颜色会变得略深，也会被炒软。

7 最后加入盐、鸡精调味，快速炒匀即可关火出锅。

烹饪秘籍

有的鸡毛菜买来还有根须，这样的要择掉根须，并去掉那些老掉的菜叶，这样炒出来的鸡毛菜更加脆嫩。

幸福时刻

手撕圆白菜

时间 9分钟

难度 低

如果要我选一道最喜欢的素菜，那手撕圆白菜绝对是首选，因为它够嫩、够脆、够辣，更够味。

主料 圆白菜1棵

辅料 姜10克 | 蒜3瓣 | 干辣椒8个 | 香葱2根 | 蚝油1汤匙 | 老抽2茶匙 | 生抽1汤匙 | 白砂糖1/2汤匙 | 盐少许 | 油适量

做法

准备

1. 圆白菜撕小片洗净，沥干多余水分待用。

2. 姜洗净切姜片；蒜剥皮洗净切蒜片。

3. 干辣椒洗净切1厘米长的段；香葱去根须洗净切葱粒。

炒制

4. 炒锅入适量油，烧至七成热。

5. 放入姜片、蒜片、干辣椒段爆香。

6. 然后放入洗净的圆白菜，大火快炒2分钟左右。

调味

7. 再调入蚝油、老抽、生抽翻炒均匀。

8. 最后加入白砂糖、盐调味，撒上葱粒即可。

烹饪秘籍

圆白菜的菜梗比较老、比较硬，可以在撕圆白菜叶的时候去掉不要。

主料 油麦菜 350 克 | 虾皮 100 克
辅料 大蒜 3 瓣 | 干辣椒 3 个 | 盐 1/2 茶匙
油适量

懒人福音
虾皮油麦菜

时间 8 分钟
难度 低

油麦菜，鲜吧；虾皮，香吧；这两位凑一块儿，真是极好的，最关键的是还特别简单快手啊，不费吹灰之力，美味就手到擒来。

做法

准备

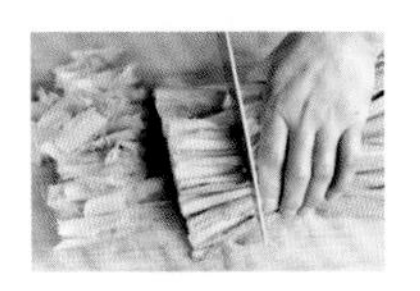

1 油麦菜仔细择洗干净，然后切5厘米左右的长段待用。

2 虾皮提前用清水浸泡至软，然后捞出冲洗干净待用。

3 大蒜剥衣，洗净，切蒜片；干辣椒洗净，切小碎粒。

炒制

4 炒锅内倒入适量油，烧至七成热，放入蒜片、辣椒粒爆出香味。

5 然后放入油麦菜，大火快速翻炒两三分钟。

混合调味

6 待油麦菜变色断生后，放入洗净的虾皮。

7 继续大火翻炒，快速将油麦菜、虾皮炒至均匀。

8 最后根据个人口味加入适量盐调味即可。

烹饪秘籍

虾皮一定要提前泡软，可以节省大把的烹饪时间，而且口感更佳；炒制油麦菜时可以先放入菜根部分，然后放入菜叶部分，这样可以使菜叶不会炒得过死。

淡极而鲜
草菇烩丝瓜

时间 20 分钟

难度 中

主料 草菇 100 克 | 丝瓜 1 根 | XO 酱 1 汤匙

辅料 蒜 2 瓣 | 细香葱 1 根 | 盐 1/2 茶匙 | 油 1 茶匙 | 料酒 1 汤匙

烹饪秘籍

炒丝瓜不变黑，可先用少量盐把切好的丝瓜腌一下，再用清水冲去盐分，沥干下锅。火不必大，锅不必烫，中火温油即可。

做法

焯烫

1 草菇削去根蒂和杂物，洗净切开，开水焯至五成熟。

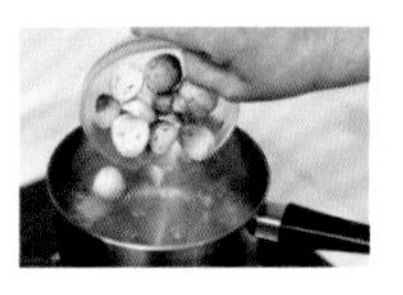

准备

2 丝瓜去皮，切成滚刀块。

3 蒜去皮，拍碎，切成末；葱切成葱花。

炒制调味

4 锅内烧热1茶匙油，爆香蒜末和XO酱，下丝瓜炒匀。

5 放草菇炒匀，放盐和料酒、少量清水，加盖焖2分钟。

6 撒上葱花即可。

最是温馨
香菇油菜

时间 15 分钟

难度 低

主料 小油菜 250 克 | 干香菇 6 朵

辅料 盐 1/2 茶匙 | 鸡精 1/2 茶匙
香油少许 | 葱花 8 克
油 3 汤匙

烹饪秘籍
干香菇味道浓郁，与油菜搭配非常合适，但注意要彻底泡发。如果用鲜香菇，可以先烫熟，用旺火爆炒的方式与油菜一同炒熟。

做法

准备

1 干香菇用温水泡发，然后清洗干净。

2 小油菜逐片掰开，用清水浸泡一下，然后冲洗干净。

3 香菇去掉蒂备用。如果香菇比较大，可以将香菇对半切开。

炒制

4 锅中放油烧至五成热，放入葱花爆香。

5 将香菇放入，大火煸炒1 分钟。

混合调味

6 放入小油菜翻炒均匀。翻炒小油菜要大火快炒，以防它出汤。

7 小油菜叶子翠绿，并且有些微微变软的时候，放入盐和鸡精快速炒匀。

8 小油菜熟后，淋香油提香即可。

万物皆在生长

沙茶素小炒

时间
10 分钟

难度
低

主料 杏鲍菇 80 克｜鲜香菇 80 克｜草菇 80 克
芦笋 3 根｜沙茶酱 3 茶匙

辅料 香葱 5 克｜姜 5 克｜大蒜 2 瓣
料酒 1 茶匙｜白砂糖 1 茶匙｜盐 1/2 茶匙
鸡精 1/2 茶匙｜油 20 毫升

烹饪秘籍

这道素小炒，可以根据家中实际情况，调整食材，既可以丰富一些素菜品种，也可以采用单一蔬菜作为食材，烹制方法都是一样的。

做法

准备

1 将杏鲍菇、草菇、鲜香菇洗净。杏鲍菇、鲜香菇切成1厘米宽，4厘米长的条。

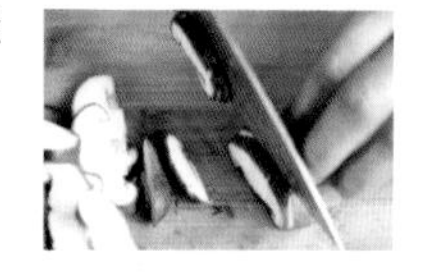

2 芦笋洗净，切成4厘米长的段。

3 葱、姜、蒜洗净切末。

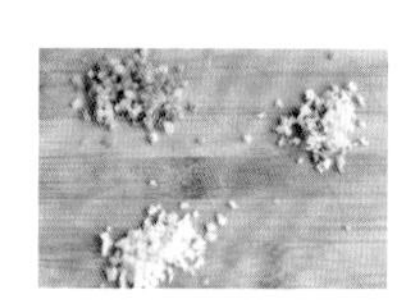

4 将杏鲍菇、草菇、鲜香菇、芦笋段汆烫3分钟，捞出控干。

混合炒制

5 锅内锅里放油烧至五成热。

6 放入葱末、姜末、蒜末，爆香。

7 将焯好的各种食材放入锅中大火炒匀。

调味

8 将沙茶酱放入锅中，加入料酒、白砂糖、盐、鸡精，翻炒均匀后关火盛出。

千滋百味才幸福

三杯杏鲍菇

时间 20分钟

难度 低

主料 杏鲍菇300克 | 彩椒100克 | 姜5克 | 蒜瓣10克

辅料 干红辣椒5克 | 罗勒叶10克 | 生抽1茶匙 | 老抽2茶匙 | 米酒1汤匙 | 香油少许 | 油适量

烹饪秘籍

此道菜中用的罗勒是甜罗勒，即俗称的九层塔，这是这道菜中不可缺少的重要调料之一，少了它整道菜就少了很多香气。

做法

准备

1 杏鲍菇洗净、切滚刀块。

2 彩椒去蒂，去子，然后洗净、切片；姜洗净、切片。

炒制调味

3 锅中放油烧至七成热，下入姜片、蒜瓣炸焦，让其香味充分释放。

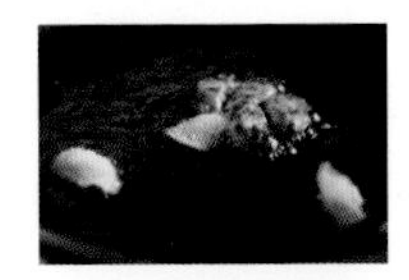

4 下入干红辣椒和杏鲍菇炒匀。杏鲍菇比较吃油，油可以稍微多放一点。

5 中大火煸炒至杏鲍菇表面微焦。

6 下入生抽、老抽、米酒煮开，搅拌均匀后盖盖焖煮5分钟。

混合调味

7 加入彩椒稍煸炒。

8 加入洗净的罗勒叶翻炒均匀，最后淋入香油炒匀即可。

痴迷人间

肉丝小炒蟹味菇

时间
15 分钟

难度
低

主料 蟹味菇250克 | 猪肉50克
辅料 干红辣椒3根 | 盐1/2茶匙
鸡精1/2茶匙 | 酱油4茶匙
香葱粒10克 | 料酒1汤匙 | 油3汤匙

蟹味菇的味道很特殊，正如其名字，细细品尝，它里面有点海鲜的鲜味。而肉丝的加入，绝不仅仅是点缀而已，它才是让蟹味菇鲜香味道更加浓郁的狠角色！

做法

准备

1 将蟹味菇去掉根部，清洗干净。

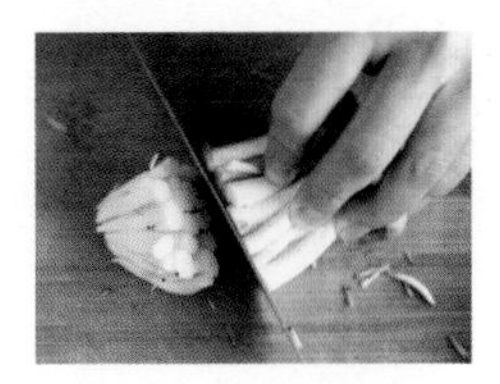

2 猪肉放入清水中泡净血水，捞出切丝，用少许盐、料酒腌制去腥备用。

3 将干红辣椒掰成或者剪成小段，辣椒子留用。可以根据自己的口味来增减干红辣椒的用量。

混合炒制

4 锅中放油烧至六成热，将辣椒子放入煸至变色，然后放入干红辣椒段煸香。

5 放入猪肉，加1茶匙酱油大火煸炒至断生。

6 放入蟹味菇，大火翻炒。这里尽量充分翻匀，让猪肉的香味能够充分渗透。

调味

7 加入盐、鸡精、酱油调味，蘑菇在加入调料后会析出很多汤汁，将汤汁大火烧开。

8 最后将汤汁收干，撒上香葱粒即可。如果不收干汤汁，也可以当成面条的浇头。

烹饪秘籍

蟹味菇会有少许的腥味，加入干红辣椒不仅能够增香，而且能很好地遮住蟹味菇的腥味。爱吃辣的朋友可将干红辣椒换成朝天椒。

无法忽视的鲜美

泡椒魔芋

时间
10 分钟

难度
低

主料 魔芋丝 250 克（黑魔芋口味最佳，白魔芋卖相最佳，两者皆可）| 泡椒 4 茶匙

辅料 生抽 2 茶匙 | 鸡精 1/2 茶匙
香葱粒 15 克 | 油 3 汤匙

烹饪秘籍

魔芋本身是没有味道的，只能依赖味道较重的食材煮至入味。所以泡椒剁得越细，越能包裹住魔芋，才能使本身无味的魔芋更加有味道。

做法

准备

1 将魔芋丝冲洗干净。魔芋的种类比较多，这道菜也可以用魔芋块。

2 将魔芋沥干水分，如果是魔芋块的话，可以改刀成适口的片或条等。

3 将魔芋放入沸水中汆烫1分钟后，捞出沥干水分。

4 泡椒切碎备用，用量的多少取决于自己的口味喜好。

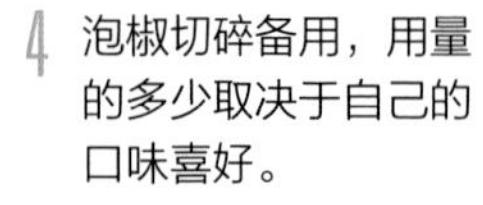

炒制

5 锅中放油烧至七成热，将泡椒放入爆香。

6 然后放入魔芋，大火爆炒片刻。

混合调味

7 加入生抽、鸡精和大约50毫升清水，大火煮开。

8 直至收汁后，魔芋才能充分入味。此时撒上香葱粒即可。

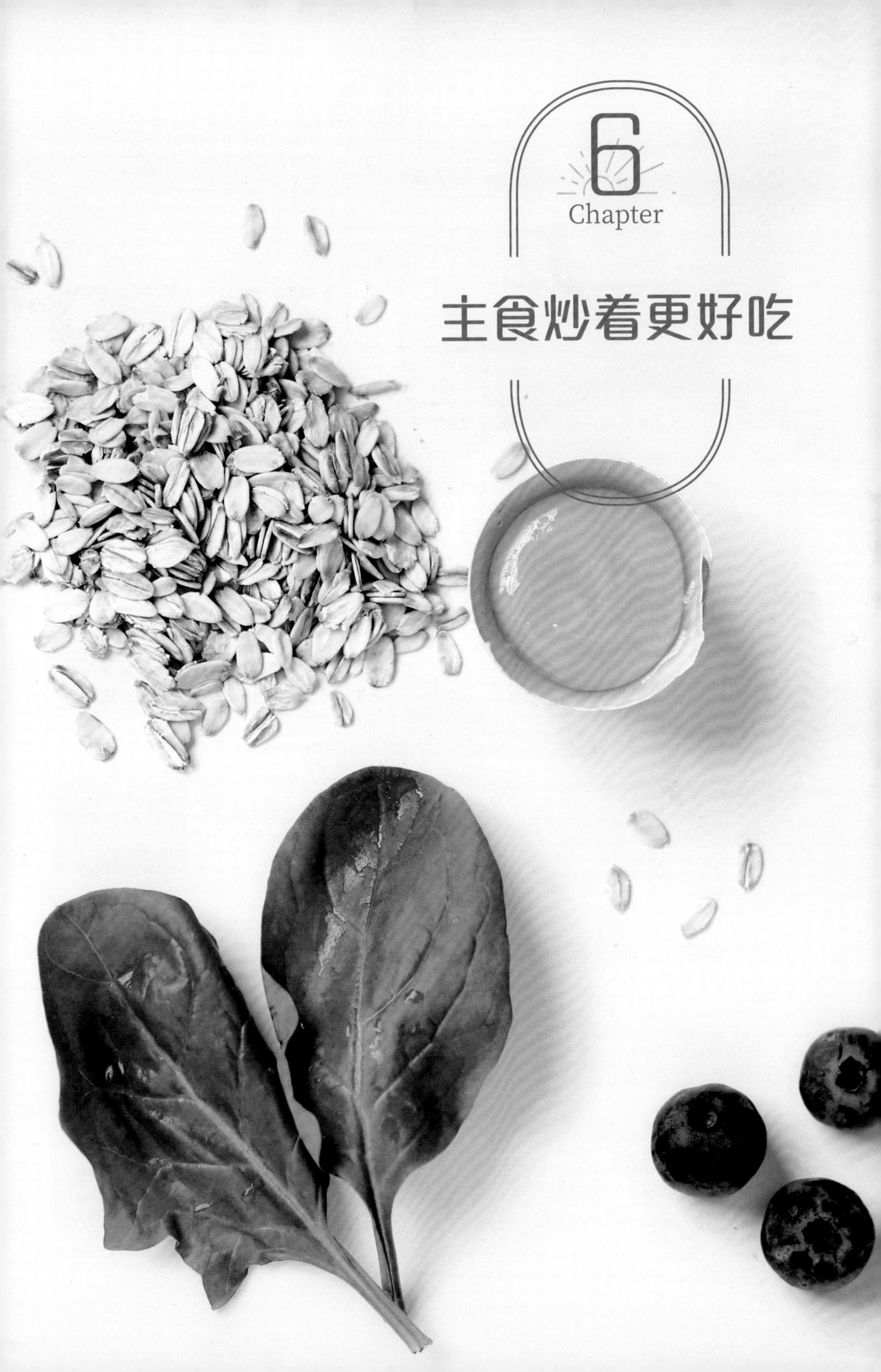
6
Chapter
主食炒着更好吃

味觉的狂欢

菠萝炒饭

时间 15分钟

难度 低

菠萝味道清新、酸甜可口，用它入菜或者入饭不仅色泽艳丽，更能增加菜肴的口感。就像这道菠萝炒饭，菠萝的香味渗入每一个角落，和各种食材碰撞出不同的味觉享受。

烹饪秘籍

如果买的是新鲜菠萝，需要切好后先放在淡盐水中浸泡一下，这样可以抑制菠萝蛋白酶对口腔的刺激，同时让菠萝吃起来感觉更甜美。

主料 米饭 300 克

辅料 菠萝 100 克 | 虾仁 100 克 | 青椒 100 克 | 胡萝卜 60 克 | 洋葱 50 克 | 鸡蛋 3 个 | 料酒 1 茶匙 | 鸡精 1/2 茶匙 | 盐 1 茶匙 | 油 4 汤匙

做法

准备

1 菠萝取肉切丁，放入淡盐水中浸泡一会儿，然后沥干水分。

2 虾仁洗净，加入料酒、盐、一个鸡蛋的蛋清抓匀，腌制一会儿。

3 剩余鸡蛋打散，将米饭盛入拌匀，使所有米粒都裹匀蛋液。

4 青椒、胡萝卜洗净、切丁；洋葱洗净、切丁。

预炒制

5 锅中放油烧至五成热，下入虾仁滑散至变色后盛出。

6 锅中再放入油烧至六成热，下入米饭不断翻炒成金黄色。

混合调味

7 下入洋葱、青椒、胡萝卜炒匀，再下入虾仁炒匀。

8 最后调入鸡精、盐、菠萝丁炒匀即可。

主料　米饭 300 克
辅料　番茄 1 个 | 玉米粒 50 克 | 豌豆 50 克
番茄酱 15 克 | 白糖 1/2 茶匙
鸡精 1/2 茶匙 | 盐 1/2 茶匙 | 油 2 汤匙

一场出其不意
番茄炒饭

时间 10 分钟　难度 低

普通的米饭也有了更加鲜亮的色泽，当然也有了酸酸甜甜的开胃滋味。其实生活的巧思就是这样，虽然不是什么伟大发明，但却时刻给人惊喜，让人感动。

做法

准备

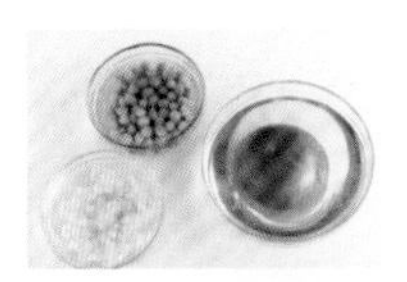

1 番茄、玉米粒、豌豆分别用清水冲洗干净。

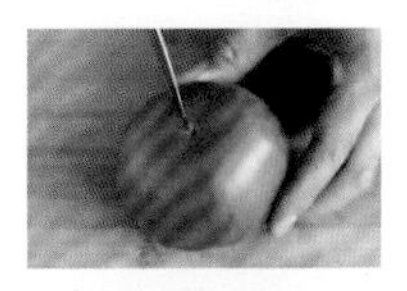

2 锅中放入适量清水烧沸，将番茄整个放入烫煮1分钟左右，然后捞出。

3 在番茄表面划开一个小口，然后撕去番茄表皮，再将茄肉去蒂、切丁。

4 玉米粒、豌豆同样放入沸水中煮熟，然后捞出沥水。

炒制

5 锅中放油烧至七成热，下入番茄丁不断翻炒，使番茄的汤汁充分炒出来。

6 调入白糖、盐、番茄酱，用炒勺不断搅拌，炒至番茄汤汁浓稠。

混合调味

7 下入米饭反复翻炒均匀，尽量使每粒米上都裹匀番茄汁。

8 下入玉米粒、豌豆、鸡精炒匀即可。

烹饪秘籍

番茄最好选择质地稍软的，较硬的番茄汤汁较少，且不容易炒制软烂。番茄在用沸水烫之前可在尾部划一个十字口，并用沸水反复淋浇，这样就很容易将番茄的表皮烫起了。

百变女郎
腊肠炒饭

时间
15 分钟

难度
低

腊肠的油润浓香可以说是这道炒饭的一大亮点，随便配个什么菜，想少吃点都难以做到。清香的饭粒现在变得油润香滑，喷香扑鼻！

主料 米饭 300 克

辅料 腊肠 100 克 | 鸡蛋 1 个 | 油菜 100 克
洋葱 50 克 | 胡椒粉 1/2 茶匙
鸡精 1/2 茶匙 | 盐 1/2 茶匙 | 油 2 茶匙

营养贴士

家里常备腊肠，当有剩饭的时候，炒一炒就是一道美味！不过最好搭配一些蔬菜一起吃，这样营养更均衡些，如果再有一道鲜美的紫菜汤陪伴就更完美啦。

做法

准备

1 油菜尽量选择根部粗壮的大棵油菜，用清水洗净、切丁；腊肠切丁；洋葱洗净、切丁。

2 鸡蛋打散备用。在打散之前可以先晃动鸡蛋，磕开之后，残留在壳上的才会更少。

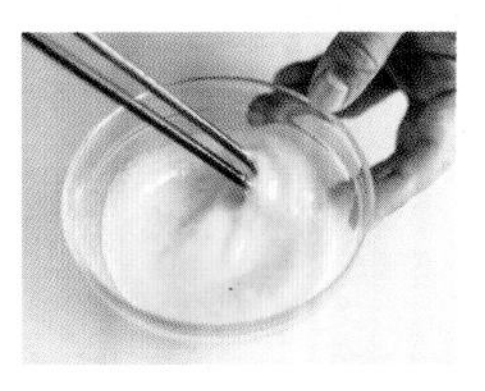

3 锅中放油烧至七成热，下入鸡蛋液，滑散成鸡蛋碎，盛出待用。

混合炒制

4 锅中留底油，下入洋葱爆香，下入腊肠丁，用铲子不断翻炒，直至腊肠中的油渗出。

5 下入油菜丁翻炒均匀。

6 下入米饭反复翻炒，至米饭炒松。

调味

7 随后调入胡椒粉炒匀。

8 最后加入炒好的蛋碎，调入鸡精、盐，炒匀即可。

烹饪秘籍

有些腊肠本身是带咸味的，最好在炒制前确认一下，如果确是较咸的腊肠，那么在炒制时就要减少盐或者不放盐，以免炒饭整体过咸。

分享时刻

黄金炒饭

时间 12分钟

难度 低

给米粒穿上外衣想必不是一件容易的事吧？但是这道黄金炒饭就轻易做到了，而且炒出的米饭色泽均匀，喷香诱人。无论是大人还是孩子都无法抗拒这金黄色的诱惑。

主料 米饭 400 克

辅料 鸡蛋 2 个 | 香葱 10 克

鸡精 1/2 茶匙 | 盐 1/2 茶匙 | 油 3 汤匙

做法

搅拌米饭

1 鸡蛋打散备用。在打散之前可以先晃动鸡蛋，磕开之后，残留在壳上的才会更少。

2 米饭在炒制之前先充分搅散，将鸡蛋液倒入米饭中。

3 充分搅拌米饭，使每一粒米都裹匀蛋液。

准备

4 香葱洗净、切粒。

炒制

5 锅中放油烧至七成热，下入混合了蛋液的米饭不断翻炒。

6 炒至米饭成金黄色，很蓬松的样子。

调味

7 然后调入盐、鸡精翻炒均匀。

8 最后撒入香葱粒炒匀即可。

烹饪秘籍

隔夜饭最适合做炒饭，如果是刚焖熟的米饭，最好将米饭放凉，充分搅散后再炒制。而且炒饭时油烧得热一些再下入混了蛋液的米饭，能使蛋液更加迅速地凝固包裹住米粒。

主料　米饭 300 克
辅料　牛肉肠 100 克｜洋葱 50 克
西芹 50 克｜咖喱粉 4 茶匙
鸡精 1/2 茶匙｜油 3 茶匙

神秘的咖喱
咖喱炒饭

时间 10 分钟　难度 低

咖喱虽然来自印度，但在亚洲多数地区都有使用，也变幻出自己独特的味道，无论是配肉、配菜还是配饭，用它准不会错。

做法

准备

1 牛肉肠先切成片，然后再改刀切成丁。

2 洋葱去掉外皮和根部，洗净后切丁；西芹去叶、洗净后也切成丁。

混合炒制

3 锅中放油烧至七成热，下入洋葱丁翻炒至洋葱变软，香味析出。

4 下入西芹丁反复翻炒均匀。

5 下入牛肉肠翻炒均匀。

6 下入米饭用铲子不断翻炒，使米饭能够松软均匀。

调味

7 然后下入咖喱粉不断翻炒。

8 待咖喱炒匀，香味析出后，调入适量鸡精炒匀即可。

烹饪秘籍

这道菜最好用咖喱粉而非咖喱块，这是由于咖喱块的味道太过于复合，容易有其他的味道来打扰。

慰藉心灵

牛肉炒饭

时间 15分钟

难度 中

牛肉的加入，让一份简单的炒饭变得更加醇厚。牛肉的香味，混合着晶莹饱满的米粒，被洋葱和孜然两个提香能手打造成了超级美味。

烹饪秘籍

孜然要分为两次放，第一次腌肉的时候放是为了让牛肉更入味，第二次放则是为了给米饭增香！

主料 牛里脊100克｜米饭200克

辅料 香菜2棵｜洋葱50克｜姜丝5克
孜然15克｜白糖、盐各1/2茶匙
料酒、酱油各1茶匙｜芝麻少许
淀粉适量｜油2汤匙

做法

准备

1. 牛里脊肉放入清水中泡净血水，然后捞出，切成薄片。

2. 加入孜然、芝麻、少许白糖、料酒、酱油和姜丝腌20分钟，再放入少量的淀粉抓匀备用。

3. 洋葱剥去外皮，洗净后切成丝，香菜去根，用清水反复冲洗干净后切段。

混合炒制

4. 锅中倒油烧至六成热，放入洋葱丝翻炒直至出香味。

5. 放入牛肉稍加翻炒，加入少许孜然炒香。

6. 等牛肉变色后放入米饭继续翻炒，并用铲子不断翻匀，这样才能使米饭受热均匀。

调味

7. 等米饭充分炒松之后，调入适量的盐。最后放入香菜和芝麻翻炒均匀即可。

有创意有心意

蛋炒油条

时间 20分钟

难度 低

主料 油条 250 克

辅料 鸡蛋 2 个｜木耳 20 克｜葱花 5 克
鸡精 1/2 茶匙｜盐 1/2 茶匙｜油 3 汤匙

酥脆的油条、膨松的鸡蛋，再加上点爽脆的木耳，想不到用早餐剩下的油条能这么轻松就做出一道既好看又好吃的菜来。其实生活只要稍加用心，就会处处呈现精彩。

做法

准备

1 将油条切寸段；木耳泡发。

2 泡发的木耳择小朵，洗净。可以用盐适度搓洗一下，然后冲干净。

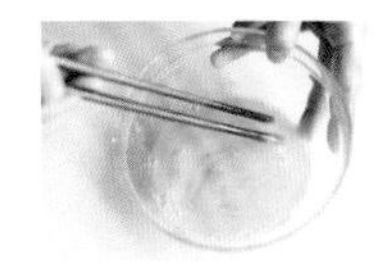

3 鸡蛋打散备用。在打散之前可以先晃动鸡蛋，磕开之后，残留在壳上的才会更少。

预炒制

4 锅中放油烧至五成热，下入油条段，炸至表面微焦后捞出沥油。

5 锅中余油烧至八成热，即能看到明显油烟的时候，下入蛋液滑散成蛋花，盛出。

混合调味

6 锅中留底油烧热，爆香葱花，下入木耳翻炒2分钟。注意油温不要太高。

7 下入油条段稍翻炒片刻，下入鸡蛋碎炒匀。调入鸡精、盐，翻炒均匀即可。

烹饪秘籍

油条最好选择那种拿起来沉甸甸、质地比较厚实、火候炸得较小的，这样的油条经再次油炸时不会轻易变煳，能有效地避免油条口味变苦，而且也不会吸附太多的油。

简约繁复张弛有度

鸡蛋炒面

时间
20分钟

难度
低

小时候每次去大排档，远远地就能闻到炒面的香味，时至今日都忘不了。如今在家里自己也能做，满足的除了嘴巴还有对美好童年的回味。

主料 面条 300 克

辅料 鸡蛋 2 个 | 豆芽 100 克 | 胡萝卜 50 克
青椒 50 克 | 青蒜 20 克 | 葱花 5 克
酱油 1 汤匙 | 鸡精 1/2 茶匙 | 香油少许
油 4 汤匙

做法

准备

1 面条放入沸水中煮沸，捞出过冷水，将面条再次捞出后用食用油拌匀。

2 豆芽择去两端，胡萝卜去皮、切丝，青椒去蒂、切丝，青蒜切段。

混合炒制

3 鸡蛋打散备用。

4 锅中放油烧至七成热，下入蛋液滑散成鸡蛋碎，盛出。

5 锅中留底油，烧至七成热，爆香葱花，下入胡萝卜丝煸炒变软。

6 随后下入青椒丝、豆芽，翻炒炒匀，下入面条炒匀。

调味

7 调入酱油，最好能用筷子和铲子一起不断翻炒面条，至面条裹匀酱色。

8 加入炒好的鸡蛋炒匀，然后撒入青蒜，调入鸡精、香油炒匀即可。

烹饪秘籍

煮好的面条反复浸几次冷水，再用油将面条拌匀，能保证炒制时面条不会粘连。如果在夏天也可先用油拌匀，再用电扇吹凉，这样做跟浸冷水有一样的效果。

光阴偷走所有的奢求

炒方便面

时间 15 分钟　难度 低

主料　方便面 1 包

辅料　鸡蛋 1 个｜火腿肠 100 克｜香菇 50 克｜胡萝卜 50 克｜油菜 100 克｜油 3 汤匙

做法

准备

1. 将方便面面饼放入沸水中煮至面饼散开，然后捞出，过冷水。

2. 香菇去蒂、切丝；胡萝卜去皮、切丝；油菜切段；火腿肠切条。

3. 锅中放入油烧至六成热，将鸡蛋磕入，煎成荷包蛋，盛出。

混合炒制

4. 锅中再放入油烧至六成热，下入胡萝卜丝、香菇丝煸炒3分钟。

5. 下入油菜不断翻炒至油菜变软。

调味装盘

6. 下入沥净水的方便面，加入方便面自带的油包炒匀。然后下入火腿肠稍加翻炒。

7. 将炒好的面条盛入盘中，将荷包蛋点缀在面上即可。

过油炒后的面条筋道又弹牙，它不仅让方便面脱去了速食的外衣，更被贴上了美味的标签。

烹饪秘籍

将煮好的方便面浸入冷水，能避免面条在炒制时过于黏腻，但需要注意的是在煮面时也不要将面条煮得过于软烂，否则再经过炒制，面条会断裂，影响口感。

不管怎么变都好吃

炒馒头片

时间 25分钟　难度 中

想不到松松软软的馒头能如此简单地变成一盘炒菜，而且馒头也一改往日柔软的外表，穿起了酥脆的外衣，当然它的心还是会一样柔软，只等你去探索发现。

主料 馒头200克｜鸡蛋2个

辅料 洋葱100克｜木耳、青椒各30克
孜然粒10克｜花椒粉5克
鸡精、盐各1/2茶匙｜油4汤匙

做法

准备

1 馒头先切厚片，然后将馒头片改刀切小片。

2 洋葱洗净、切片；木耳泡发后洗净、择小朵；青椒洗净、切片。

裹蛋液

3 鸡蛋打散备用。将馒头片放入鸡蛋液中稍浸泡，使馒头片每一面都裹匀蛋液。

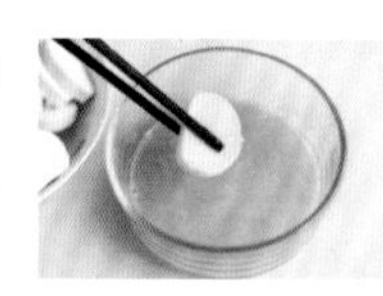

预炸制

4 锅中放油烧至五成热，下入裹匀蛋液的馒头片炸至金黄，然后捞出沥油。

炒制调味

5 锅中留底油烧至七成热，下入洋葱炒出香味，下入木耳、青椒翻炒均匀。

6 下入馒头片炒匀，调入花椒粉、孜然粒炒出香味。

7 最后调入鸡精、盐炒匀即可。

烹饪秘籍

裹蛋液炸出的馒头片口感偏软，如果喜欢酥脆的口感，可将馒头片切好后直接下入油锅中炸至金黄。这样炸出的馒头片有一层酥脆的外壳，口味更加香浓。

亦菜亦饭
肉丝炒饼

时间 20分钟　难度 中

主料 烙饼300克 | 圆白菜300克 | 里脊肉200克 | 红辣椒1个

辅料 料酒1汤匙 | 酱油1汤匙 | 米醋1茶匙 | 白糖1/2茶匙 | 盐1茶匙 | 鸡精1茶匙 | 大葱半根

酥脆的烙饼加上一点配料，轻轻松松就能变成一盘亦菜亦饭的主食，无论是做工作餐还是做正餐的主食，它都能轻松应对。最可贵的是，它还能通过不同的搭配变化出不同的口味。

做法

准备

1 烙好的饼切成细丝。饼可以买现成的，也可以自己烙。

2 圆白菜洗净后切成细丝，红辣椒斜切成片，大葱切末。

3 猪肉放入清水中泡净血水，捞出切丝，用少许盐以及料酒腌制去腥。

炒制

4 锅中放油烧至六成热，将葱末放入爆香。倒入腌好的猪肉丝，煸炒至肉丝变色后盛出备用。

混合调味

5 锅中再加入油，烧至七成热，放入红辣椒片，倒入烙饼丝，翻炒2分钟。

6 倒入酱油，再倒入圆白菜丝继续翻炒至菜丝变软。

7 淋入少许米醋，放入盐、鸡精和白糖以及炒好的肉丝，翻炒均匀即可。

烹饪秘籍

烙饼丝切好后可放在烧热无油的平底锅中用小火翻炒片刻，这样做出的炒饼不会过于软烂，口感会更酥脆。但要注意一定要用小火并不断翻炒，时间也不要过长。

融会贯通
炒疙瘩

时间
20 分钟

难度
中

主料 面疙瘩 300 克

辅料 五花肉、胡萝卜、黄瓜各 100 克
青豆 50 克｜青蒜 20 克
葱末、姜片、蒜片各 5 克
酱油 3 茶匙｜料酒 1 茶匙
鸡精、盐各 1/2 茶匙
淀粉适量｜油 3 汤匙

作为老北京的传统美食，炒疙瘩深受各个年龄食客的喜爱。酱汁烹炒的食材色泽浓郁，还有不时蹦出的面疙瘩绵软又弹牙，难怪它能从民国火到现代。

做法

准备

1 五花肉洗净后切丁，加入料酒、1茶匙酱油、淀粉抓匀，腌制。

2 胡萝卜洗净、去皮、切丁；黄瓜洗净、切丁；青蒜洗净、切末。

焯烫

3 青豆洗净，放入烧沸的清水中煮熟捞出，然后沥干水分。

4 面疙瘩放入沸水中煮至八成熟捞出，同样沥干水分。

炒制

5 锅中放油烧至六成热，爆香葱姜蒜，然后下入肉丁滑散至变色。

6 下入胡萝卜丁翻炒至胡萝卜变软，随后下入面疙瘩炒匀。

混合调味

7 下入青豆、调入酱油不断翻炒，使酱色裹满所有食材。

8 最后加入黄瓜，调入盐、鸡精，撒入青蒜末炒匀即可。

烹饪秘籍

面疙瘩可以自己制作，将面粉加水揉成光滑的面团，然后擀成面饼，切成大小一致的面疙瘩。和面时最好和得稍硬一些，这样制作出的面疙瘩会更有嚼劲。

色彩缤纷

什锦炒窝头

时间
10 分钟

难度
低

主料 窝头 300 克

辅料 圆白菜 100 克 | 胡萝卜 100 克
火腿肠 30 克 | 鸡蛋 1 个 | 葱花 5 克
酱油 1 茶匙 | 鸡精 1/2 茶匙
盐 1/2 茶匙 | 油 4 汤匙

时过境迁，金灿灿的窝头这回改头换面成了整盘菜的主角，除了它香浓的味道还有酥脆的口感，粗粮也能变佳肴。

做法

裹蛋液

1 窝头切适口小块；圆白菜洗净、切小块；胡萝卜洗净、去皮、切丁；火腿肠切丁。

2 鸡蛋打散备用。在打散之前可以先晃动鸡蛋，磕开之后，残留在壳上的才会更少。

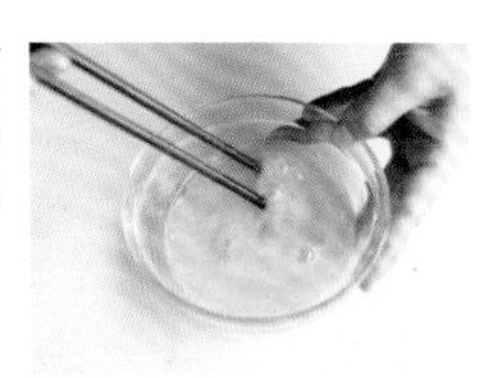

预制

3 锅中放油烧至六成热，下入窝头块炸至表面焦黄，捞出沥油。

4 锅中再放入适量油烧至七成热，下入鸡蛋液滑散，炒成鸡蛋碎盛出。

炒制调味

5 锅中留底油，烧至六成热，爆香葱花，随后下入胡萝卜丁煸炒2分钟。

6 下入圆白菜炒软，下入火腿丁，调入酱油炒匀。

混合调味

7 下入鸡蛋碎、窝头丁炒匀。最后调入盐、鸡精炒匀即可。

烹饪秘籍

火腿肠可换成广式香肠，用热油将广式香肠的油脂炒出，再下入窝头，让窝头充分吸收香肠的香气，这样炒出的窝头会别有一番风味。

图书在版编目（CIP）数据

萨巴厨房. 简单一炒就好吃 / 萨巴蒂娜主编. —北京：中国轻工业出版社，2024.12

ISBN 978-7-5184-3912-6

Ⅰ. ①萨… Ⅱ. ①萨… Ⅲ. ①家常菜肴—菜谱 Ⅳ. ①TS972.12

中国版本图书馆CIP数据核字（2022）第044829号

责任编辑：胡　佳　　责任终审：高惠京

设计制作：锋尚设计　　责任校对：宋绿叶　　责任监印：张京华

出版发行：中国轻工业出版社（北京鲁谷东街5号，邮编：100040）

印　　刷：北京博海升彩色印刷有限公司

经　　销：各地新华书店

版　　次：2024年12月第1版第5次印刷

开　　本：710×1000　1/16　印张：12

字　　数：200千字

书　　号：ISBN 978-7-5184-3912-6　定价：49.80元

邮购电话：010-85119873

发行电话：010-85119832　010-85119912

网　　址：http://www.chlip.com.cn

Email：club@chlip.com.cn

241938S1C105ZBW